KB040109

아이와 부모가 함께 성장한 5년 동안의 기록

엄마가 키워주는
아이의 말그릇

초판 1쇄 발행 2018년 10월 15일
지은이 김소연
발행인 송현옥
편집인 옥기종
펴낸곳 도서출판 더블:엔

출판등록 2011년 3월 16일 제2011-000014호
주소 서울시 강서구 마곡서1로 132, 301-901
전화 070_4306_9802 **팩스** 0505_137_7474
이메일 double_en@naver.com

표지종이 앙상블 e클래스 엑스트라화이트 210g
본문종이 그린라이트 80g

ISBN 978-89-98294-49-6 (03590) 종이책
ISBN 978-89-98294-50-2 (05590) 전자책

아이와 부모가 함께 성장한 5년 동안의 기록

엄마가 키워주는 아이의 말그릇

김소연 (연후 · 려훈 엄마) 지음

엄마도 아이도
서로 일곱살

더블:엔

말은 빨랐지만 많이 예민한 엄마껌딱지 아이를 키우며

엄마아빠도 함께 성장했습니다.

마음이 단단한 아이로 자란,

잠든 아이 얼굴을 보며 생각합니다.

'엄마아빠는 편견 없이 너의 시선에서 먼저 생각할 테니

너는 네 스스로 꿈을 꾸고 키워가렴.'

아이의 세계는 엄마가 생각하는 것보다

훨씬 크고 넓었습니다.

아동심리상담사 공부를 하며 다음 해엔

독서지도사, 미술심리치료사가 되었는데,

1년여 동안의 미술심리치료사 수업을 받으며

치료가 된 건 오히려 엄마 마음이었습니다.

아이의 말은 순수하고 또 솔직합니다. 행복해. 속상해. 고마워. 흔한 말들이 아이의 입을 통해 나오면 그 말뜻이 새롭게 마음으로 훅 들어 옵니다. 어느 날은 도리어 내가 아이에게 말을, 말의 진짜 의미를 배우는 기분도 들어요.

연후의 예쁜 말들을 엮은 5년여의 기록입니다. 유용한 정보가 있거나 훌륭한 육아법이 담긴 책은 아닐 거예요. 그럴 수가 없었습니다. 하나하나 적어 내려가다 보니 연후와 소통하고 싶어서 속앓이를 하던 초보 엄마의 고군분투만 남았더라고요. 말하자면 이 책은 연후가 말이 트이기 전부터 지금까지 엄마아빠를 울리고 웃긴 이야기를 모은 일기라고도 할 수 있습니다.

연후의 옹알이를 처음 알아챘던 기억이 설렘과 두근거림이었던 것처럼 책으로 만나는 것은 어떤 기분일지 상상만 해도 떨립니다.

실패가 두렵지 않은 워커홀릭이었던 저에게 아이를 키우는 일은 일생일대 처음 겪는 프로젝트 같았어요. 뭔가 잘못된 걸 알았다고 해서 도로 뱃속에 넣을 수는 없잖아요. 저는 요리도 살림도 재주가 없어요. 물려줄 재산도 없고요. 제가 해줄 수 있는 건 아이 스스로 즐겁게 세상을 살아갈 수 있는 마음의 힘을 길러주는 것이라고 생각했습니다. 그게 실패하면 두 번의 기회는 없으니까 일도 쉬고 아이에게 몰입하기 시작했어요.

이제야 조금씩 여유가 생겨 되돌아보니 아이는 아이만의 힘이 있었어요. 엄마는 흔들림 없이 믿고 기다리면 되었던 거예요. 그동안 연후에게 조잘조잘 건넸던 엄마의 말이 민망하게 느껴지기도 합니다. 또렷하게 사는 것만이 훌륭하다고 생각했었는데 흐르는 대로 지켜보는 것도 아름답다는 걸 알게 되었어요.

이 책을 쓰는 동안 연후는 엄마와 단둘이 가는 일본여행 친구가 되어줄 만큼 자랐어요. 엄마가 하는 일을 궁금해하고 뉴스에도 관심이 많습니다. 엄마아빠가 보여주던 세상이 아니라 아이가 보고 느끼는 것들을 이야기해주어요. 어느새 이렇게 커버린 것인지 고맙고 아쉽고 그래요.

아이들은 모두 각자의 예민함이 있고 우리 엄마들은 비슷한 고민을 품고 있는 것 같습니다. 이 책을 통해 엄마들이 함께 공감하고, 서로 응원해주고, 엄마 스스로를 칭찬해줄 수 있으면 좋겠습니다. 힘내요! 우리!

2018년 6월
연후와 려훈 엄마 김소연

이 책의 편집자가 이 책의 작가님 인터뷰를 미리 해보았습니다.
본문에 담지 못한 재미있는 얘기들이 많아서 '내맘대로' 질문지를 만들
었어요. 세상 모든 엄마들을 응원하는 마음을 가득 담았습니다.^^

Q: 글을 아주 잘 쓰십니다. 글을 읽으며 울컥울컥! 한 게 여러 번이
에요. 생각의 깊이와 울림이 읽는 이의 마음에 콕콕 박히더군요.
책을 쓰고 싶다는 욕심이 있으셨을 것 같아요. 더블엔에서 김소
연 작가님 책을 출간하게 되어서 영광입니다.

A: 저 역시 영광입니다. 소소한 이야기를 가치있게 담아주는 곳
이구나 생각했거든요. 이 책의 글들은 하루 종일 아이랑 씨름하
다 밤이 되면 미안한 마음에 한줄 한줄 쓰던 일기같은 글입니다.
흔한 엄마의 일기에 공감을 해주시니 감사하고 위로가 됩니다.
우리 엄마들은 모두 같은 마음이구나, 하고요.

　책을 쓴다는 것은 상상도 못했었어요. 글을 잘 쓰고 싶다는 욕

심은 있었지만요. 어릴 때 저는 말이 없고 소심한 아이였어요. 선생님이 "이 문제 정답 아는 사람?" 하시면 부끄러워서 손은 못 들고 눈빛으로 '제발 저를 시켜주세요' 하고 레이저를 쏘던 아이였죠. 주목받는 건 두렵지만 인정받고 싶은 욕심은 있어서 성실함으로 어필했던 것 같아요. 숙제나 과제에 정성을 쏟아 제출했고, 특히 일기를 대충 쓴 적이 없었지요. 이렇게 소심한 어필을 몇 년째 하던 4학년 어느 날이었어요. 담임 선생님께서 "넌 참 글을 잘 쓰는구나"라고 칭찬을 해주셨어요. 엄청 뿌듯했죠. "저요! 저요!"는 못해도 글을 잘 쓰면 마음이 전해지는구나, 정말 잘 쓰고 싶다, 생각했어요. 그래서 책도 많이 읽으라는 말씀도 열심히 지켰어요. 그때 콩닥콩닥 짜릿했던 기분을 요즘 다시 느끼고 있습니다.

Q: 제 아들도 이제 일곱 살이 되었어요. 남자아이들은 말이 늦다고는 하지만 제 아이는 말이 너무 늦는 데다 나중에는 심하게 더듬기까지 해서 제가 마음고생을 많이 했어요. (물론 지금은 아주 말을 잘하고 유머감각도 제법 있어요. 다행히도요)

‘연후의 말’을 보며 우리 아이의 말에 대해 많은 생각을 했고, ‘나도 기록을 좀 많이 해놓을 걸’ 하는 반성도 했습니다. 원고작업을 하며 엄마의 마음도 정리가 되고 더 성장했을 것 같은데, 어떠셨나요?

A: 오래된 수첩과 휴대폰 그리고 급한 대로 휴지에 적어놓기도 했던 글 조각들을 모으면서 정말 많은 생각을 했습니다. 오늘도 연후랑 싸웠거든요. 남편과 약속한 게, 연후도 아이 기준에서는 분명한 생각이 있으니 항상 존중해주고 같이 얘기하자는 건데요. 잘 하다가도 급하면 제가 엄마의 힘으로 연후의 말문을 막아버려서 싸움이 돼요. 이렇게 작은 말 한마디도 의미있게 기억하고 싶었던 엄마는 어디 있나, 울컥하기도 했어요.

이 깨달음의 혜택을 제일 많이 보는 아이가 둘째예요. 아이의 관심과 속도대로 거의 내버려두고 있거든요. 연후를 키울 때는 입이 아팠고, 훈이는 잡으러 다니느라 허리가 아파요. 연후는 미리 생각하고 상상해본 후에 시도를 하는 아이이고, 훈이는 몸으로 먼저 부딪쳐 깨닫는 아이거든요. 달라도 너무 달라요. 달라서 재미있고 또 힘들어요. 하지만 '애는 왜 이러나' 이런 고민은 이제 하지 않아요. 그렇게 보니까 아이들이 너무 예쁘고 귀여운 거 있죠.

Q: 연후, 굉장히 예민한 아이였죠? 근데, 가만 생각해보면 세상 모든 아이들이 또 다 어느 부분에서는 예민하지 않나 싶기도 해요. 표현하는 아이와 표현하기 힘들어하는 아이가 있을 뿐, 엄마가 기다려주고 알아차려주는 시간이 필요한 것 같아요. 글을 읽으며, '엄마가 '김소연'이라 연후는 참 행복하겠다' 하는 생각을 많이 했어요. 물론, 책을 많이 읽고 소화를 잘해서 생겨나는 지혜도 있겠지만, 소연 작가님의 엄마도 궁금합니다. 책에 잠시 나오기는 하지만 어머니 얘기 좀 해주세요.

A: 어릴 때 우리 엄마는 조금 이상했어요, 하하. 공부하라고 한 적이 한번도 없고, 알림장 검사? 이런 것도 하지 않으셨죠. 엄마는 나한테 관심이 없나 보다 생각했던 적도 있어요. 고민을 얘기해도 "그렇구나"가 다였어요. 조언이 듣고 싶다고 조르면 "네가

더 생각해봐. 너는 다 잘 할 수 있을 거야" 하는 맥 빠지는 답만 하셨어요. 어렵게 고민해서 결정하고 나면 그때부터는 든든하게 밀어주셨던 것 같아요. 마음으로요. (웃음) 전혀 간섭하지 않으시는데 뒤가 뜨끈하게 느껴지는 것이 있었어요. 엄마의 뜨거운 믿음이 늘 힘이 되고, 흔들릴 때는 무섭게 느껴지기도 해요. 저희 오빠랑 요즘도 가끔 얘기해요. 우리가 삐뚤어지지 않은 게 신기하다고요.

하고 싶은 대로 다 하라고 하니까 오히려 흥미가 떨어지더라고요. 고등학교 다닐 때 귀를 뚫는 게 유행이었는데 어른들 모르게 감추는 방법도 친구들이랑 공유하고 그랬거든요. "하고 싶으면 말해. 몰래 하느라 위험한 데 가지 말고." 하시더라고요. 묻지도 않았는데. 재미가 없어져서 안 뚫었어요. 엄마는 어쩜 이리도 귀신같은지.

저희가 학교에 가고 나면 엄마는 오빠와 제가 좋아하는 가요 CD를 찾아서 듣고 계시기도 했어요. 랩이나 하드록도 있어서 "도대체 무슨 노래냐? 하나도 모르겠다" 하시면서요. "또 나가냐. 가사 좀 적어주고 가." 하시는데 우리 엄마 너무 귀엽고 고마

13

웠어요.

엄마 같은 엄마가 되고 싶다는 생각을 해요. 엄마가 되어보니 딱 적당한 거리에서 기다려주고 지켜보는 것이 얼마나 어려운 일인지 알 것 같거든요.

하아, 엄마가 공부하라고 좀 했으면 제가 더 잘 살았을까요.

Q: 정시 출근은 아니지만, 프리랜서로 계속 일을 하고 계시죠? 두 아이를 키우며 일하는 엄마로 사는 삶에 대해 한 말씀 부탁드립니다.

A: 무엇보다 이렇게 제가 시간을 조절할 수 있는 일이어서 감사하죠. 낮에는 훈이와 노느라 간단한 업무만 보고 아이들 재운 후에 새벽까지 일을 하니까 피곤하긴 해요. 하지만 등하원을 같이 하면서 아이 하루의 시작과 끝을 살필 수 있어서 좋아요. 비록 간장계란밥을 자주 해주고, 간식도 제대로 할 줄 몰라서 우유 하나 안 떨어뜨리는 게 최선인 엄마지만요.

아이들에게 엄마도 할 일(집안 일 말고)이 있고, 꿈도 있다는 걸 알려주고 싶어요. 늘 잠이 부족해요. 그런데 신기하게도 제 일을 하고 나면 그 에너지로 아이들한테 집중하게 되고 아이들이 자면 다시 힘을 내서 일을 합니다.

육아에만 올인했을 때가 더 힘들었던 것 같아요. 좋은 엄마이고 싶고, 그래서 일도 쉬고 있는데 아이가 잘 자라고 있는 건지 나중엔 모르겠더라고요. 일을 통해서 성취감을 느끼니까 내가 좋아서, 좋은 엄마가 되었어요. 좋은 엄마에 대한 집착을 버리고 엄마가 좋은 걸 하면 돼요. 아이들은 엄마의 기분에 영향을 많이 받기 때문에 금세 알아차리고 코드를 맞추어 줍니다. 아마 자신을 즐겁게 하는 무언가가 다 있으실 거예요. 그걸 찾으시길 바라요. 저도 아직 찾고 있어요.

Q: 아동심리상담사, 독서지도사, 미술심리치료사 자격증을 취득하셨다구요?

A: 육아에 가장 지쳤을 때였어요. 모든 에너지를 쏟고 있는데 아이는 더 뾰족해지는 것 같고, 둘째아이가 유산되니 자아를 잃은

기분이 들더라고요. "너는 정말 훌륭한 엄마야" 하는 듣고 싶었던 말을 들어도 눈물이 나고, "너 같은 인재가 언제까지 아이랑 붙어 있을 거야. 이제 그만 복귀해" 하는 반가운 소식이 와도 눈물이 났어요. 아무리 육아서를 보고 인터넷을 뒤져도 더 이상 답을 못 찾겠더라고요. 사실 정답은 없는 거잖아요. 아이마다 다르고, 엄마가 다르고, 환경이 다르니까요. 내 아이가 보내는 신호를 이해하고 싶어서 자연스럽게 아동심리 공부를 하게 되었어요. 그래도 답은 못 찾았어요. 하지만 상담사 자격을 얻으니 무너졌던 자존감이 살아나서 아이를 보는 눈이 달라졌어요. 아이 핑계로 덩달아 뾰족하게 세웠던 안테나도 접었고요.

연후가 4살 때에 어린이집을 가기 시작했는데 바로 옆 블록 교육기관에서 하는 미술심리치료사 수업시간이 딱 맞았어요. 집에서 책만 보는 것보다 사람들을 만나서 공부하고, 밥 먹고, 이야기하는 게 너무 좋더라고요. 실습 다니면서 제가 누군가에게 도움이 된다는 것도 기쁘고요. 같이 공부했던 분들이 제가 많이 달라졌다고 해요. 저는 몰랐어요. 첫수업 날 인사했던 제 목소리와 표정이 굉장히 어두웠다는군요. 제가 치유되는 시간이었나 봐요.

저 스스로 치료하고 공부는 끊었어요. 제대로 해보려고 알아
봤는데 공부할 게 엄청 많더라고요. (웃음) 아이들 다 크면 더 공
부해서 봉사를 할 수 있으면 좋겠어요.

**Q: 엄마가 육아서를 보고 있으면 아빠는 심리분석학 책을 읽고 계신
다구요?** 부럽습니다! 저희집은 제가 육아서를 읽고 있으면 남편
은 야구를 보고 있어요. (겨울엔 배구!) 육아는 제몫으로 하고 아
빠는 그냥 아이와 잘 놀아주며 엄마의 육아방식에 (토달지 않고)
따라오는 것도 괜찮다 생각했는데, 함께 의논하며 '내 아이 공
부'를 하는 모습이 참 좋아 보입니다.

둘째(아들)가 생겨서 아빠 역할도 바빠지실 것 같아요. 아빠와
딸의 관계에 대해 공부하던 아빠가, 아빠와 아들의 관계에 대한
연구도 단단히 하실 듯해요. 어떤가요?

A: 일단 저희 집이 늘 그런 모습은 아니지만 남편이 여러 분야의
책을 많이 읽는 것은 맞아요. 남편은 자기 시간을 잘 쪼개 쓰는

사람이에요. 멀티를 한답시고 잘하는 거 하나 없는 저랑은 다르지요. 얄밉기도 해요. 아이들과 땀이 나도록 놀아서 놀이 욕구를 후끈 올려놓고, "자, 이제 아빠는 잠깐 책 좀 볼게" 하고 혼자 집중해서 책을 봐요. 그러면 아이들은 "나도 책 볼래~" 하다가도 금세 다른 놀이를 하고 싶어 하죠. 그건 다시 제 몫이 되잖아요.

아들에 대한 고민은 크게 안 하는 것 같은 걸요. 다 이렇게 크는 거라면서 엉뚱한 짓을 해도 웬만하면 받아줘요. 둘째라서 그런 것 같기도 하고요. "저 녀석 나중에 크면 나한테 좀 맞을 것 같다?" 하면서도 요즘 말로 눈에서 꿀이 뚝뚝 떨어집니다.

첫째 아이가 딸이어서 '아빠 공부'를 했던 거 같아요. 아들이라면 괜찮아, 하고 넘어갈 일도 딸이라서 조심스럽다고 얘기한 적이 있어요. 더구나 연후가 워낙 섬세한 감성이라 남편도 어려워했어요. 그때 아빠의 역할과 대화법을 고민한 게 아들에게도 도움이 된다고 생각해요.

《아빠, 딸을 이해하기 시작하다》《딸이 아빠를 필요로 할 때》라는 책에서 딸의 심리와 소통법을 이해하려고 노력했고요. 이어령 선생님의 에세이 《딸에게 보내는 굿나잇 키스》는 남편이 첫 구절부터 와 닿는다며 저에게 읽어주었어요. "딸의 탄생과 자라는 모든 순간을 이렇게 생생히 기억하면서도 글을 쓰느라 방에서 잘 나오지 않고 굿나잇 키스도 소홀했던 지난 시절." 남편은 하루도 후회하지 않겠다며 늦은 시간에 잠자리에 누워 겨우 릴랙스 한 연후에게 장난을 걸고 키스를 해대요. 저는 그 구절을 들은 날부터 자는 아이 깨우지 말라는 타박을 하지 않기로 했습니다. 빨리 재우고 쉬고 싶지만 늦게 자도 모두 행복하게 하루를 끝내면 더 좋잖아요. 대신 남편도 제가 집안정리를 못하고 잠들어도 잔소리하지 않아요. (웃음)

'좋은' 엄마에 대한 집착을 버리고 기다려주고 지켜봐주는 사이, 예민하고 섬세했던 딸아이는 어느덧 마음이 단단한 아이로 잘 자라주었고, 아이와 함께 엄마아빠도 조금씩 무럭무럭 자랐습니다.

"맘맘, 멈멈"

엄마인지, 맘마인지, 멍멍이인지 헷갈린다. 이럴 때는 가만히 연후의 시선의 끝과 손 끝을 따라가 보면 알아챌 수 있다. 아하, 저기 멍멍이가 있구나. 멍멍 강아지네. 하고 알아들어주면 아이는 세상 기쁘게 웃는다.

지금 우리 둘이 통했다는 느낌 너무 좋다.

딸이면 좋겠다고 생각했었다. 딸은 자라서 엄마와 친구가 될 수 있으니까. 나랑 나의 엄마처럼 함께 영화를 보고 여행을 가고 남편들 흉도 보면서 늙어가는 우리를 상상해본다. 아직 말도 트이지 않은 아이를 보며 이런 생각을 하다니 참 주책이다.

나중에 커서 방문을 쾅 닫고 입도 닫아버리거나, 사춘기 소녀가 되어 말수가 줄더라도 아이의 표정, 눈빛과 말투로 마음을 헤아리려고 노력해야지. 엄마와 통하고 싶어 하는 이 눈빛 잊지 말아야지.

"엄마"

엄마 껌딱지.

연후는 좀 유별나게 나만 찾는 아가다. 보이는 것만으로는 안심이 안 되어 잘 놀다가도 톡!톡! 찜콩 하고 가고. 그래봤자 네 걸음쯤 떨어져서 놀고 있는데도 말이다. 그래, 네가 찜 안 해도 내가 네 엄마다.

외출을 해도 위험한 일이 생길 걱정은 없다. 엄마보다 앞서 걷는 일은 거의 없고 항상 손을 잡고 있으며 엄마 목소리에만 귀기울이는 아이. 동네 엄마들은 나에게 참 편하겠다고들 하지만 나는 참으로 피곤하고 힘이 든다. 연후가 불안해하는 게 느껴지면 그 이유가 뭘까 촉을 바짝 세우느라 예민해진다. 이게 보통 기운 빠지는 일이 아니다.

아이는 무엇에 불안을 느끼는 걸까. 내가 부족한 엄마인 걸까.

어쩐 일로 혼자 한참을 잘 놀길래 가까이 가봐야겠다 생각한 순간, 아이가 어느새 와서 내 허벅지를 한 번 쓰다듬고 다시 돌아가 논다. 나를 안심시켜 주었다. 엄마! 나 여기 있다고, 잘 놀고 있다고.

아이가 엄마에게 집착하는 게 아니라, 불안해하는 엄마 옆에 네가 늘 있어 주었던 거구나.

"워우웡~"

14개월이 된 아이는 엄마아빠의 행동, 말(소리)과 표정을 곧 잘 따라한다. 특히 억양을 잘 살려서 발음이 똑똑치 않아도 분명 알아들을 수 있다.

"워우웡."

"여보, 들었어? 고마워~ 라고 한 거야. 모르겠어? 아이고 귀여운 우리 딸, 엄마도 고마워."

"그게 무슨 고마워야. 오버하지 마."

25

완벽하게 고마워다. 엄마한테만 들리는 아이의 말, 우리는 아직 한몸이다.

이 아이가 나를 보고 있구나.
아니 나만 바라보고 있구나.
오로지 나를 보고 배우고 있구나.
책임감이 무겁게 내려온다. 문득 조금 두렵기까지 하다.

만 두 살이 될 때까지가 아이 정서와 인지발달에 가장 중요하고 그것이 평생을 좌우한다고 한다. 이것은 육아책에서 흔하게 본 내용이고, 요즘 남편이 읽고 있는《현대인의 정신건강》이란 책에도 같은 내용이 있다. 남편이 책날개로 갈피해준 부분을 읽어내려갔다. 이 저자는 세 살까지라고 말하고 있다. 이때까지 부모가 아이의 마음을 편하게 해주고, 사랑해주고, 받아주고, 이해해주고, 자신감만 부여해준다면 그 나머지는 스스로 다 한다고 쓰여 있다. 세 살까지는 부모가 아이 세상의 전부이기 때문에 이때 부모에게 충분히 사랑받고 지지받은 기억이 나중에 어른이

되어 힘든 일을 겪어도 세상은 나를 응원해줄 것이고 내 편이 되
어 안아줄 것이라는 믿음으로 일어선다는 부분이 가장 울림이
컸다.

　여러 가지 복잡한 사정이 있어 퇴직했지만 이런 말을 들을 때
마다 지금 내가 아이와 온전히 함께할 수 있는 것이 잘된 일이다
싶다. 한편으로는 복직을 포기하고 전업맘의 입장에서 아이의
모습을 다시 보니 그 책임감이 더욱 실감이 난다. 내가 이 아이
를 책임질 수 있을까. 아이 스스로 바르게 생각하고 행동하도록
가르치는 의미의 책임 말이다. 인생은 한 번뿐이니까 기회도 한
번일 것 같아 겁이 난다. 사랑해주기만 하면 된다는데 그게 이렇
게 어려울 줄은 몰랐다. 남의 자식도 아닌데.

15개월

　운명이란 것이 정말 있을까. 나는 이 아이의 운명이, 미래가 내 것보다 더 궁금하다. 어쩌면 믿거나 말거나 아주 조금은 엿볼 수 있었지만 그렇게 하지 않았다. 아니, 솔직하게 나는 궁금했는데 남편이 그깟 것 중요하지 않고 알고 싶지도 않다고 해 그의 말을 따르기로 했다.

　연후는 역아여서 날을 잡아 낳았다. 의사 선생님은 그 수술날을 어른들과 상의하고 오라 하셨다. 양가 어른들 모두 너희들 상황에 맞게 알아서 하라 하셨기에 남편이 최대한 길게 쉴 수 있는 날로 골랐다. 그게 아이의 운명이라면 운명이 될까.

12월 끝 무렵 생이라 해를 넘겨 1월에 출생 신고하라는 주변의 의견도 있었지만 태생 그대로 올렸다. 으레 이름을 지을 때 본다는 사주도 보지 않고, 우리가 부르기 좋고 마음이 닿는 뜻을 담아 지었다. 바를 연(兗), 따뜻하게 할 후(煦). 바르게 자라 세상을 따뜻하게 하는 사람이 되어라.

"아주 똑똑한 아이입니다."

"굉장한 부자가 될 겁니다."

"빨간 색을 조심하십시오."

이런 말들을 들으면 자꾸 생각이 나 아이의 뜻을 방해할 것 같다. 아이의 관심과 흥미를 그대로 보지 못할 것 같다. 아이는 하고 싶은 대로 마음껏 하고 엄마아빠는 치우침 없이 지켜보며 응원하는 것, 그것이 엄마아빠가 할 일이다.

설사 운명이 정해져 있다고 해도 이런 마음으로 지켜보면 참 재미있겠다. 아이에게 욕심이 생기거나 혹은 아이가 변덕을 부렸을 때 지금의 마음이 흔들리지 않게 서로 붙잡아주자고 했다.

남편과 이런 대화를 하면서 우리는 다 자란 연후를 상상했다. 각자 어떤 모습을 떠올렸는지 말하지 않았지만 둘 다 웃고 있다.

"옴망좀망, 응가 안녕"

예민한 이 녀석, 변비가 심하다. 참지만 않으면 조금 수월할 것 같은데 그야말로 대신 해줄 수도 없는 일이다. 따뜻한 물에 몸을 담가 긴장을 풀어주고 같이 손잡고 호흡해주기를 30분째. 땀을 뻘뻘 흘리고 눈물범벅이 되어 겨우 해냈다.

자기가 해놓고 얼마나 뿌듯한지 기저귀를 들여다보며 우와 우와 한다. 아이고, 정말 얼마나 힘들었니.

"우와 엄마, 응가 옴망좀망 따닥따닥."

장하다, 내 새끼. 오늘 날짜에 응가했다고 다이어리에 표시했다. 4일 만이었다.

"응가, 안녕~!"

너나 나나 뿌듯한 응가를 보내는 이별식이다.

올망졸망 다닥다닥 열매가 열렸어요.

자연관찰 책에서 빨갛고 작은 열매가 열린 사진과 함께 보았
던 글밥이다. 그 소리가 재미있는지 옴망좀망 따닥따닥 종일 중
얼거렸었다. 아이가 이해한 뜻으로 처음 써본 게 하필 응가네.

다양한 표현은 역시 책읽기에서 배운다. 책이 많은 것은 아니
고 30여 권의 유아책이 전부인데 거의 외우다시피 여러 번 읽었
다. 의성어 의태어가 많은 책을 좋아한다. 나도 읽을 때 재미있
고 아이도 흥미롭게 듣는다. 그날따라 유난히 좋아하는 표현이
있으면 그것을 찾으러 나가곤 한다. 어차피 집에 있으나 밖에 있
으나 피곤한 건 마찬가지니까.

미끌미끌 오징어가 나타났어요.

　오늘 반찬은 오징어, 너로 정했다. 마트로 가서 오징어를 찾아보자. 살아있는 오징어가 없구나. 시장골목 수산물 가게에는 있었으면 좋겠다. 연후가 슬슬 지루해하고 있단 말이다. 작고 네모난 수조에 오징어 몇 마리가 귀를 팔랑팔랑 헤엄치고 있다.

　"미끌미끌 오징어가 나타났어요. 나도 같이 놀자! 어머 어머 넌 방귀쟁이잖아."

　글밥을 그대로 읊어주니 뭐라뭐라 아는 척을 한다. 신나게 구경하고 한 마리를 사가지고 왔다. 미끌미끌 오징어를 찔러보고 주물주물 만져보았다. 오징어 다리도 하나 둘 셋 넷 열까지 세었다. 아예 바닥에 내려놓고 놀겠다는 건 겨우 말리고 보글보글 오징어국을 끓였다. 식사량이 적은 아이가 오늘은 제법 많이 먹는다.

17개월

17개월에 막 들어선 아이. 비슷한 월령의 아이들보다 조금 말이 빠른 편이다. 어떤 책을 보는지, 어떤 학습지를 시키는지, 어디를 보내는지, 비결을 묻는 이웃 엄마들이 있다. 이 꼬꼬마에게 시켜주는 학습지나 교육원이 있는지도 나는 몰랐다. 단지 연후와 대화다운 대화를 하고 싶어서 또박또박 많은 말들을 했던 것이 전부. 워낙 예민한 기질의 아이고 특히 소리에 민감하여 자연스레 언어에 관심이 많아진 게 아닌가 추측한다. 단점인 줄 알았던 것이 어느새 장점으로 자라고 있었나 보다.

동물소리, 바람소리, 기계소리를 흉내 내고, 밤에는 복습하듯이 오늘 새롭게 들은 소리를 이야기하다 잠이 든다. 그 소리들이 좋아서라기보다는 스스로 소리에 대한 이해를 하는 시간이었던 것 같다.

연후는 세탁기가 돌아가는 소리에 놀라서 다리에 힘이 풀려 주저앉을 정도로 예민하다. 요즘 세탁기가 얼마나 좋은지 부드럽게 윙~ 소리가 날 뿐인데 엄마도 가까이 가지 말라고 발을 동동 구른다.

"세탁기가 엄마를 도와주는 소리야. 물도 쏴아, 윙윙 돌고, 영차 영차 열심히 일하지. 세탁기야 정말 대단하다. 고마워, 세탁기야. 다 끝나면 삐삐 소리를 내줘. 기다릴게."

집 앞 골목길에 포크레인이 들어왔다. 바닥이 다다다 울리고 묵직한 기계소리가 나서 연후가 달려와 안긴다. 바들바들 떨고 있었다. 한 발자국이라도 움직이면 소리를 질렀다. 일단 등을 쓸어주며 낮은 목소리로 안심을 시키고 창문을 열었다. 포크레인

앞쪽만 조금 보인다. 코알라처럼 찰싹 붙은 채로 한참을 보았다.

"윙윙, 쿵쿵, 다다."

포크레인 삽처럼 팔을 휘저으며 소리를 흉내 내었다.

"응, 그래. 포크레인이 윙윙 쿵쿵 하면서 공사를 하나봐."

이해를 한 것 같아 내려놓으려고 했더니 목을 꽉 끌어안는다. 아직 안 되겠구나. 아예 의자를 끌어다 앉았다. 또 그렇게 한참 구경만 하다가 아이가 엄마 무릎으로 내려와 앉았다. 포크레인이 고개를 돌릴 때마다 아이도 목이 빠져라 따라간다.

"오오. 엄마 엄마. 위잉 위잉."

"나가볼까?"

우리 둘 다 내복차림에 얇은 점퍼만 걸치고 골목길로 나갔다. 이제 포크레인 몸이 다 보인다. 우리가 한몸으로 서있던 그림자 자리까지 해가 넘어와서야 집으로 들어왔다. 아이는 시원한 우유 한 잔을 마시고 안긴 채로 잠이 들었다. 밖에서는 아직도 포크레인이 쿵쿵 다다 일을 하고 있다.

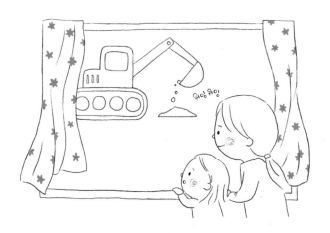

우앙우앙

"깐촌깐촌 뛰몬서 어디룰 가느냐"

산토끼 동요를 완창했다. 발음도 잘 안 되면서 나름대로 한 자씩 힘주어 불렀다. 엄마아빠는 물개박수가 절로 나온다. 어디를 가느냐 할 때는 팔을 앞뒤로 열심히 가는 동작도 함께 했다. 신기하고 신기하다. 토끼 같은 내 새끼.

연후는 어릴 때부터 손 탈 걱정 안 하고 많이 안아주었다. 늘 안고 있는 게 아이도 나도 마음이 편했다. 아이를 안고 하늘을 보면, "파란 하늘 파란 하늘 꿈이 드리운 푸른 언덕에~" 노래가 불러진다. 숲길을 산책할 때는 "데굴데굴 데굴데굴 도토리가 어디로 갔나~" 저절로 나온다. "토끼 구름 나비 구름 짝을 지어서 딸랑딸랑 구름마차 끌고 갑니다" 하고 끝나는 구름마차 노래도 즐겨 불렀다. 그 많은 동요가 저절로 기억이 났다. 아이를 안고 노래를 부르면 아이도 금세 안정이 되었고 나도 아이에 대한 걱정을 잊었다.

토끼를 제일 좋아해서 산토끼 노래를 가장 많이 불렀는데 토끼 같은 아이가 산토끼 노래를 부른다. 산토끼가 이렇게 뭉클한 노래인지 몰랐네.

"갠차나 갠차나"

나는 말에 기가 있다는 말을 믿는다. 나 자신에게도 그러한데 아이에게는 더욱 중요할 것 같아 항상 힘을 쓴다. 정말 말의 힘 인지 말은 그냥 말일 뿐인지 몰라도 달라지는 아이를 발견할 때 가 있다.

낯선 장소, 낯선 소리, 낯선 시선에도 불편함을 느끼는 연후는 돌발 행동으로 나를 힘들게 한 적은 없지만 늘 긴장시켰다. 집 근처 성북천 산책길에 자주 나가 시간을 보낸다. 물 소리를 듣고 오리도 관찰하고 꽃도 예쁘게 가꾸어져 있어서 매일 가도 즐거운 우리의 단골 데이트 코스. 아이를 귀엽게 보시고 인사를 건네는 어르신들도 많아 나는 감사하고 좋은데, 이 꼬마 아가씨는 소리를 지르고 숨어버리니 그때마다 속이 상한다.

아직 아기니까 불편해하는 일은 피하게 해주어도 될 테지만, 길을 걷다 마주치는 일상의 상황들은 부딪치고 받아들여야 한다고 생각했다. 그 불편한 것이 하나둘도 아니고 조각조각이라 다 맞추어줄 수도 없다. 연후가 마음이 단단한 아이로 자랐으면 좋겠다.

"연후야, 인사하고 싶지 않으면 하지 않아도 돼. 그렇지만 소리는 지르지 말자. 사람들이 깜짝 놀라잖아. 엄마랑 같이 있을 때는 괜찮아."

웃으며 인사하던 사람들이 민망해하며 조금 멀리 지나가면 나는 그 자리에 잠깐 서서 안아주거나 진정되기를 기다렸다. 괜찮은 척 표정도 최대한 편안하게 굴었다. 아이의 두려움이 무엇 때문인지는 모르겠지만 그 두려움이 지금은 너무나 절대적이라 말로는 설득이 안 되겠지. 그렇지만 주문을 거는 마음으로 등을 쓸어주며 천천히 말해주었다.

"인사하고 싶지 않으면 하지 않아도 돼. 소리는 지르지 않기. 엄마랑 같이 있을 때는 괜찮아."

너무 힘들어 보이면 그냥 아무 말 없이 안고 기다렸다가 다시 우리만의 산책을 계속 했다.

때때로 민망한 날도 있었다. "괜찮아요. 아이들이 그럴 수 있죠. 안녕! 아줌마 갈게" 하는 분이 있는가 하면, "애가 왜 이래요? 엄마가 끼고 키우는구나" 하고 비꼬는 분도 종종 있다.

아장아장 걸을 때부터였으니 이 성북천에서 아마도 백번은 넘게 이 말을 했을 것 같은 날.

"아이고 귀여워라. 몇 살이니? 안녕?"

연후는 내 손을 더 세게 잡았고 그대로 서서 꼼짝하지 않았다.

"세 살이에요."

일단 대신 대답해드리고 아이가 인사할 준비가 되었나 지켜보았다. 인사하라고 쿡쿡 찌르고 싶지는 않다. 두려움을 느끼는 아이 마음에 엄마가 공감을 못해주는 것 같으니까. 스스로 준비될 때까지 기다리는 것이 우리 연후에게는 좋겠다고 생각했다. (하지만 이제 곧 8살이 될 아이에게는 네가 먼저 어른들께 인사하는 모

습을 보고 싶다고 잔소리를 하곤 한다)

역시나 아이는 인사에 답하지 못했고 그 분은 손인사를 하고 멀어졌다.

엄마손을 꽉 잡고 있던 아이손이 스르르 힘이 풀리더니 자기 가슴을 쓰담쓰담 하며 중얼거렸다.

"갠차나. 갠차나. 엄마랑 가치 이뜨면 갠차나."

해냈다.

이게 뭐라고. 소름이 돋고 눈물이 날 것 같았다. 답인사를 한 것도 아닌데 기특하고 감사했다. 어쨌든 아이가 불편해하던 상황을 받아들이고 겪어내기 시작한 게 아닌가.

엄마의 말 때문이 아닐 수도 있겠다. 그만큼 아이가 자랐으니 마음도 자란 것이겠지. 그래도 나는 연후에게 계속 수다스러울 것이다.

말에 힘이 있다는 말을 나는 믿는다. 예쁘다, 예쁘다 하면 예뻐지려나.

18개월

잠든 아이 곁에서 남편과 어른의 대화를 나누었다. 온종일 아이랑 음음 어어 떼떼 해가며 눈높이 대화를 하다가 남편이 오면 비로소 어른이 된 것 같다. 티비를 친정으로 보낸 후 뉴스도 뒷북이다. 아이가 깰까 봐 낮은 목소리로 오늘의 뉴스와 당신의 이야기를 조근조근 해주는 남편과의 시간이 좋아서 이미 휴대폰으로 본 뉴스를 모른 척한 날도 있다.

진지하게 시사를 이야기하던 어른들의 대화는 자연스럽게 아이에게로 간다. 아이아빠는 연후가 기자가 되면 좋겠다고 했다.

그것은 당신의 꿈 아니었나? 이렇게 아이에게 투영된다. 직업이
무엇이든 세상일에 관심을 가졌으면 좋겠고, 올바른 시선으로
볼 줄 알면 좋겠고, 용기있게 소신을 가질 수 있으면 좋겠다고.
그것을 글로 잘 표현할 줄 아는 어른이 되길 바란다고 했다. 그
것은 나도 동감. 딱 신문방송학과 출신 엄마아빠가 생각하는 수
준이다.

"그럼, 우리는 어떻게 아이를 키워야 하나? 경험과 생각을 키
우는 건 어떻게 해야 하는 거야?"

"하긴 뭘 해. 자기가 알아서 하는 거지. 우린 그냥 연후가 하는
대로 박수치고 지켜보면 되는 거야. 뭘 하려고 하지를 마. 그게
문제야."

머리를 받치고 있던 팔이 베게가 되더니 금세 남편은 잠이 들
었다. 어려운 숙제를 던져주고 이렇게 금방 잠이 들다니. 세상
부러운 사람이다.

내가 처음 사회생활을 시작했던 곳이 생각난다. 나라의 일을

국민들이 이해하기 쉽게 영상물로 만들어 방송하는 곳이다. 당시 노무현 대통령 당선 3일 전부터 출근을 시작했다. 나의 일은 대통령 당선자의 공약을 20편의 짧은 영상물로 만드는 것. 23살의 막내가 하는 일은 자료를 수집하고 대본을 쓰고 큐시트를 만드는 것이다. 바쁜 일들이 전혀 바쁘지 않게 진행되었다.

어느 날 아침, 회의 시간에 모두 원탁에 모여 앉았다. 팀장이 공통 질문을 던진다. 여러분이 대통령이 되었다면 어떻게 국민들에게 다가가겠는가. 5명의 선배들의 답변을 들으면서 나도 대답을 준비하고 있었다. 막내에겐 참신함을 기대할 텐데 부담된다.

드디어 내 차례.

"그럼 소연 씨는 영부인이 되었다면 남편을 어떻게 도울 텐가?"

말문이 막혔다. 난 '내가 대통령이라면'을 생각하고 있었단 말이다. 참고로 그 팀에서 여직원은 나뿐이었다. 답답한 조직에서 20년은 족히 일했을 그 분에겐 자연스러운 사고방식이었을지 모르겠다.

그렇지만 아마도 비슷한 연배일 엄마에게 난 그렇게 배우지 않았다. 세상에 남자 여자 구분된 일은 없어, 뭐든지 할 수 있다고 언제나 든든하게 응원하셨다.

대학교 때 작품 한다고 매일 밤을 새는 딸을 걱정하며 전화기를 드는 아빠를 끝내 막아준 엄마다.

"딸이라 생각하지 마. 저 아이는 스무 살이야. 스무 살이 해야 할 일을 아주 잘 하고 있어."

아빠는 딸을 낳았는데 딸이라 생각하지 말라니 황당해서 할 말이 없더란다.

이럴 때 가만히 있지 말라고도 가르치셨지.

"왜죠? 왜 저는 영부인이 되었을 걸 상상해야 하나요? 여자는 대통령이 될 수 없나요?"

너무 당돌한 신입이었구나. 이만큼 어른이 되어 그 날을 돌아보니 내가 그 자리 선배 중 한 명이 된 것처럼 손발이 오그라들고 어이가 없다.

아무튼 난 그 프로젝트를 끝내고 그만두었다. 그리고 나는 사고가 넓고 깊은 어른이 되어야겠다고 다짐했었다.

잠든 아이 얼굴을 보며 다시 생각했다. 엄마아빠는 편견 없이 너의 시선에서 먼저 생각할 테니 너는 네 스스로 꿈을 꾸고 키워 가라고. 아이 옆에서 잠든 남편도 나와 같은 마음이겠지.

20개월

　요즘은 그야말로 딱 쓰러지고 싶다. 그래야 '에라, 모르겠다' 하고 푹 쉴 수 있을 것만 같다. 이제는 말귀도 제법 알아듣고 의사표현도 잘 하니까 나아질 거라 생각했는데 반대다. 어느 정도 상황파악이 되니 고집이란 것도 더 세진 것 같다. 도통 엄마에게 틈을 주지 않는다.

　"언니, 어디야?"

　사촌동생에게 전화가 왔다. 마냥 어린 동생이었는데 이젠 육아 선배님이셔서 동지같고 때때로 의지가 된다.

"그냥 동네야."

"연후는?"

"내 옆에."

"그렇지. 오십센치가 언니 옆에 있겠지. 내가 괜한 걸 물었네."

엄마 반경 오십센치에 연후가 있다고 해서 동생이 지어준 별명이다. 그렇게 부르는 사람은 동생뿐이다. 그나마도 얼마 전까지는 십오센치였다. 지금은 오십센치는 되지 않느냐고 발전한 모습이 기특하다며 위로했다. 위로하려고 한 말은 아니었을지 모르지만 난 그 오십센치가 뭐라고 맞아 맞아 고개가 절로 끄덕여진다.

연후는 내가 전화통화를 길게 하는 것도 별로 좋아하지 않는다. 조금 길어진다 싶으니 손을 잡아끌고 흔들고 엄마 부르고 시무룩하다. 한숨이 나온다.

"휴, 얘는 왜 이러는 걸까? 내가 전생에 버리고 온 적이 있나?"

"언니, 연후는 자기 앞에 먼저 간 두 아가들을 느끼는 게 아닐까?"

연후는 세 번째 임신으로 만난 아이다. 이유를 알 수 없는 유산으로 먼저 온 아이들은 지켜주지 못했었다. 이야기를 하자면 너무 아파서 남편과도 아가들에 대해 많은 말을 나누지는 않았던 것 같다. 무슨 말을 어떻게 해야 할지도 모르겠고. 그저 몸에 좋고 맛있는 것을 함께 먹으며 마주보면 웃고 그걸로 충분했다. 우리 부부가 서로 의지하는 것에 집중할 때 나무(연후의 태명, 튼튼하게 뿌리내려 자라기를 바랐다)가 찾아왔다.

"나무야, 엄마 꼭 잡아. 알았지? 엄마가 지켜줄게. 우리 건강하게 만나자."

꼭 잡으라고, 엄마 옆에 있으라고 매일매일 태담하던 건 나였다. 순간 심장이 멈춘 것 같았다. 손발이 저릿저릿 하다. 완전히 잊고 있었다. 연후는 엄마 말을 몹시 잘 듣는 아이인 것이다.

아이가 태담을 듣고 껌딱지가 된 건 아니겠지, 당연히. 아니 그냥 그렇게 믿기로 했다. 그러니 아이가 너무 이해가 된다. 잘했어, 내 아가. 기특하고 고마워. 엄마 옆에 꼭 붙어서 많이 만지고 많이 이야기하자. 천천히 가자.

이제 매일 밤 이야기가 달라졌다. 자장가도 아니고 옛날 이야기도 아니고 엄마 얘기.

"연후야, 엄마는 늘 연후 옆에 있을 거야."

"웅 여누 여페." (옆에 있으라는 말이겠지.)

"정말이야. 걱정하지 마."

"웅 거쩡." (그래도 걱정이라는 뜻인가.)

"혹시 엄마가 안 보이면 엄마~ 하고 큰소리로 불러. 후다닥 달려갈게."

"후다닥!"

"웅, 후다닥. 만일 멀리 갈 때는 꼭 이야기하고 갈게."

"웅."

"기다려줄 수 있지?"

"웅."

"고마워."

"고마어요."

자장가를 불러줄 때보다 훨씬 편안해 보인다.

부작용은 잠들지 않고 계속 이야기를 듣고 싶어 한다는 것.

또. 또.

22개월

밤마다 아이를 재워놓고 휴대폰 사진을 복습하며 아까 화내지 말 걸, 좀 더 안아줄 걸 반성한다. 그러다가 곁다리로 생각난 것들을 검색하고 알아보느라 새벽이 되는 건 금방이다. 내일 반찬도 찾아보고 개월수에 맞는 훈육법도 알아보고 주말에 나들이할 곳도 찜해둔다. 그렇게 내일은 아이랑 더 잘 지내야지 다짐하고 잠이 들지만 내일도 비슷한 하루가 된다.

애는 왜 이러는 걸까? 육아책을 봐도 이건 맞고 저건 틀리다.

전통 육아법, 스웨덴 육아법 다 찾아봐도 모르겠다. 그렇지. 나는 스웨덴 엄마가 아니고 우리 연후는 자기만의 세계가 있을 테니까. 내가 내 아이에 대해 잘 알고 있는 게 맞나. 육아서는 그만 덮고 내 아이 공부를 하기로 했다.

육아서 보다는 교육서나 심리연구 서적을 찾아보면서 아이를 객관적으로 보려고 애썼다. 연후에게 말을 줄여야겠다. 한 박자 천천히 관찰시간을 늘리다 보니 궁금한 게 많아졌다. 아이에게 직접 물어볼 수가 없어 아동심리 공부가 필요했다. 역시나 아이마다 기질과 특성이 다르고, 육아에는 정답이 없다. 그러다 엉겁결에 아동심리상담사 자격을 얻게 되었다. 밤이면 밤마다 작아지던 내 자존감도 조금 살아난 기분이다. 자격증에는 내 이름 석자가 새겨 있다. 연후 엄마가 아니고. 엄마가 기운이 나니까 아이도 달라 보인다. 예민하게 구는 모습도 '왜 그럴까'보다는 '그럴 수 있지' 생각하고 한 번 더 안아주게 된다.

이렇게 시작한 공부로 다음 해엔 독서지도사, 미술심리치료사가 되었다. 꼭 내 아이 육아에 도움이 될 거라는 기대로 공부한 것은 아니지만 배우니 좋았다. 나도 사회에 도움이 되는 존재라는 걸 확인하니 기뻤다. 10년이 넘은 경력을 출산과 육아로 내려놓은 지 만 2년이 되어가고 있을 때 가장 지쳤고 우연히 시작한 공부다. 2년 만에 계절에 맞는 옷을 사고 거울 앞에서 밝은 표정을 연습하며 복지관 실습을 다녔다. 1년 동안의 미술심리 치료사 수업과정에서 치료가 된 건 나 자신인 것 같다.

"우와 엄마 눈에 여누 인네. 이쪽도 인네."

"엄마가 머얼리 이써도 거쩡하지 마.

엄마는 언제나 여누 여페 이떠.

여누는 엄마가 안 보여도 엄마는 여누를 보고이떠."

자기 전에 내가 자주 해주는 말을 주문처럼 외워 다시 내게 돌려준다. 마치 거꾸로 엄마를 안심시키는 것처럼.

아이는 자기 방식대로 엄마와 떨어졌다가 다시 만나는 연습을 아주 열심히 하고 있다. 요즘 봄이 되면 다니게 될 어린이집에 상담을 함께 다니는 중이다. 연후는 아무 데도 마음에 들지 않는다는 티를 팍팍 내고 있지만 집에 오면 엄마 짝꿍 찾는 놀이만 한다. 아기 기린이 엄마 기린을 찾는 놀이, 동그란 블록이 데굴데굴 굴러서 엄마를 찾아 뽀뽀하는 놀이. 그럼 나도 아이한테 데굴데굴 굴러 가서 간지럼을 태우고 뽀뽀를 하고 꼬옥 안아 부비댄다.

24개월

"할아버지, 할아버지."

부산 할아버지가 서울에 일이 있어 우리집에서 하룻밤 주무시기로 했다. 소파도 티비도 없는 작은 집에 할아버지가 오셨다. 늘 덩치 큰 남편의 차지였던 안락의자에 부산 아버지가 앉아 계신다. 편안해 보여서 다행이다. 아니 편안히 쉬실 겨를도 없이 아이가 폴짝폴짝 온몸으로 할아버지를 반긴다.

"할아버지, 제 장난감 방 좀 보세요." "할아버지, 제가 그린 거예요." "할아버지, 할아버지."

"오냐오냐, 멋지구나. 할아버지 잠깐만 쉬자."

할아버지는 안락의자에 깊게 앉으셨다.

연후가 할아버지 앞에서 엉덩이를 씰룩거리다가 으이차 폴짝 하더니 허공에서 무얼 똑 떼어 "할아버지 드세요" 한다.

"야 와 이라노?"

"사과에요. 연후가 할아버지 드시라고 사과나무에서 사과를 떼었네요."

아이가 엄마아빠와는 다른 할아버지의 반응에 조금 멈칫한 사이 내가 대신 대답했다.

"아, 그런기가? 아이고야. 고맙구나. 앙 얌냠냠. 방금 따서 아주 맛이 좋네."

한 박자 늦었지만 할아버지가 찰떡같이 맞추어주시니 아이가 신이 나서 물개박수를 친다.

우리집에서 자주 하는 놀이다. 연후가 기획하는 상상놀이. 자꾸 우리집 침대방 천정에서 별똥별이 떨어진다고 소원을 빌라 한다. 매일 밤마다 소원을 비니 우리는 매일이 선물이다.

분명 빈 통인데 물고기를 가득 잡았다고 자랑을 하면 남편이

"우와~ 대단하다" 하며 팔딱거리는 물고기를 들어 올리는 시늉을 한다. 몸을 휘청휘청 비틀대다가 이불 위로 확~ 던지면 이제 이불이 바다가 된다. 어푸어푸 수영을 해서 맨손으로 물고기를 잡겠다고 부녀가 아주 먼지를 폴폴 내며 사투를 벌인다. 나는 잽싸게 이불을 펄럭펄럭 파도를 만들어준다. 난 항상 파도다.

착한 사람 눈에만 보이는 건가. 나에게는 아이의 상상이 잘 보이지 않아 따라가기가 어렵다. 그래서 주로 조연이거나 소품담당을 자처한다. 남편은 착한 사람인 건지 여덟 살쯤의 아이 감성인 건지 상상놀이에 푹 빠져 함께 몰입한다. 리액션이 끝내준다. 연후가 이끄는 시나리오에서 벗어나도 "그래, 좋아." 둘이 쿵짝 합의도 잘 한다. 엄마한테는 시키는 대로 안 하면 호통을 치면서. 결국 바다에 사는 괴물에게 잡혀 놀이가 울면서 끝나는 걸 보니 남편이 여덟 살인 게 맞는 것 같다.

이미 너무 멋지게 노는데 자석블록세트를 사야 하나 말아야 하나.

물고기가
가득해

"엄마, 뽀뽀하고 시포."

(쪽~~)

"사랑해. 햄보케."

꼭 기억하고 싶은 밤.

25개월

"두 개 고르면 어떨까?"

예쁘게 말해도 소용없단다. 하나만 골라라.

· 슈퍼에서는 원하는 것 하나만 고르기.

· 약국에서 파는 것은 비타민이어도 사지 않기.

· 용돈기입장 쓰기.

· 명절에 받는 큰 용돈의 절반은 저금하기.

연후와 약속한 몇 가지다. 화낼 필요 없이 우리 약속이잖아.

아쉬운 표정을 지으면 더 이상 보채지 않는 아이다. 가지고 싶은 것 또는 이미 가진 것에 대해서도 소중함을 배우는 아이가 되길.

요즘 아이들 너무 부족한 것이 없다는 생각을 하곤 한다. 아이가 자랄수록 누구와 비교하는 상대적 결핍을 더 느끼게 되는 것 같다. 지금은 물건이지만 그 비교대상도 달라지겠지. 결핍의 긍정적인 힘으로 부족한 것은 스스로 채우는 길을 찾아가기를 바란다. 이것이 요즘 우리 부부의 고민이다.

하지만 우리에겐 예외 조항이 있다.

"특별한 날에는 특별히 하나 더."

할머니가 오셨으니까, 비가 와서 신나니까, 밥을 싹싹 잘 먹었으니까. 특별할 것 없는 날이 아이에게는 모두 특별하단다. 오늘만 속아준다. 예쁜 말.

"선샌님 나는 연후에요. 환영해주어서… 고마어요…
그런데 나는… 엄마랑 노는 게 더 더 조탄 말이에요.
으아아아아앙~."

연후는 울먹울먹 울음이 올라오는 것을 꿀꺽꿀꺽 삼키며 선
생님에게 인사했다. 연후에요. 할 때는 후에 힘을 주어 말했다.
우가 아니고 후에요 느낌으로. 울랑말랑 하고 싶은 말을 다 하고
서야 꺽꺽 숨이 차도록 울고 있는데 너무 귀엽고 또 짠하다.

오늘은 처음으로 아이와 잠시 떨어져 보기로 한 날. 아이 앞에
서는 나도 이따가 만나자고 씩씩하게 인사했지만 사실 계단을
다 내려가지 못하고 듣고 있었다.

"그렇구나. 연후는 엄마랑 노는 걸 더 좋아하는구나. 엄마도

연후랑 노는 걸 제일 좋아하신대. 오늘은 엄마가 커피 한 잔만 마시고 오신다고 했거든. 그런데 뜨거운 커피를 빨리 마시면 입이 데일 수도 있으니까 천천히 오시라고 하고 조금만 기다리자."

아이가 비로소 좋은 선생님을 만난 것 같아 감사했다. 6주쯤 다니던 다른 어린이집 선생님은 "네가 운다고 엄마가 빨리 오는 게 아니야" 해서 아이가 무서웠다고 했었다. 눈물이 자꾸자꾸 나서 멈출 수가 없는데 그러면 엄마가 진짜 안 올까 봐 무서웠다고.

"울고 싶으면 울어도 돼. 엄마는 연후랑 약속한 시간에 꼭 갈 거야. 걱정하지 마. 너무 많이 울면 연후가 힘들까 봐 선생님이 걱정하셨나 보다."

맘에도 없는 선생님 편을 들어주고 속은 부글부글 했다. 무슨 뜻인지 나는 알지만 연후한테는 협박처럼 들렸을 것이다. 엄마와 떨어지는 것, 감정을 누르는 것. 연후가 가장 힘들어하는 두 가지이기 때문이다. 국공립 어린이집에서 연락을 받자마자 고민 없이 옮긴 이유다.

커피를 마시러 갔다고 하니까 놀라는 눈치였다고 한다. '우리 엄마 커피 좋아하는 거 어떻게 알았지? 엄마랑 친한가?' 생각하는 것 같다고 문자가 왔다. 그 문자를 받고서야 진짜로 커피를 마시러 갔다.

할 말만 딱 하고 입을 꾹 닫았을 텐데 눈물이 그렁그렁한 눈을 보고 아이 마음을 읽어주는 선생님이라니. 선생님에게는 시원한 커피를 사가지고 돌아가야겠다. 아이를 만나면 뜨거운 커피를 후후 불어 천천히 맛있게 마셨다고 이야기해 주어야지.

26개월

"적혈구와 백혈구가 힘을 낼까요?"

떼기는 아이에게나 엄마에게나 쉽지 않은 과정이다. 연후는
밤중수유나 기저귀 떼기는 비교적 자연스럽게 지나오고 있다.
돌이켜보면 무언가를 끊는 대신 다른 걸로 그 허전한 마음을 채
우는 것 같기도 하다. 떼기는 채우기의 다른 말인가. 밤중수유를
끊고 식사량이 늘었던 것처럼.

연후의 문제적 습관은 손가락 빨기. 오로지 왼손 엄지손가락
만 촵촵 맛있게 먹는다. 그리고 오른손으로는 엄마의 팔꿈치살

을 조물조물 만진다. 이것이 거의 세트다. 한겨울에도 팔을 걷어 달라고 우는 일이 다반사. 아빠 팔도 안 된다. 그래도 친구 엄마 말마따나 가슴이 아닌 게 어디냐.

아마도 10개월쯤부터 안아서 재우지 않고 같이 누워 잠들면서 시작된 버릇인 것 같다. 관찰해보면 졸릴 때, 불안하거나 긴장될 때, 심심할 때 손가락을 문다. 심심할 때 빠는 것은 잊게 해주려고 안 심심하게 해주느라 내가 바빠 곤욕이다.

손가락 빨기는 보는 사람들마다 잔소리가 늘어진다. 당장 고쳐주지 않으면 손도 미워지고 입도 미워지고 블라블라. 누구보다 걱정하는 사람이 엄마인데 몰라서 두는 것이 아니라고 이마에 써 붙이고 다니고 싶다. 아이에게는 아직도 세상에 불안한 게 너무 많아서 스스로 찾아낸 위안의 방법인 것 같은데 하루아침에 못하게 다그치면 얼마나 두려울까.

조금 더 커서 자기표현이 다양해지고 욕구를 채우는 여러 가지 방식을 깨닫게 되면 또 한번 아이 스스로 달라질 거라 믿는다. 지금은 무엇도 대신할 수 없는 것일 테다.

이 글을 쓰는 지금 일곱 살이 된 아이는 아직도 새벽녘에 비몽사몽 뒤척이며 왼손 엄지손가락을 문다. 마지막 숙제로 남아 있는 문제적 순간이다. 이제는 자기가 꼭 고치고 싶다며 손을 엉덩이 밑에 깔고 잔다. "오잉! 또 손이 입에 있네." 능청을 떠는 아침도 있고, "도대체 언제 손을 안 빨 수 있는 거야." 울먹이며 깨는 아침도 있다.

그동안 아이는 손가락을 빨면 왜 안 되는지 참 많이도 물었었다. 처음 듣는 것 마냥 "내 손 미워졌지?" "몸에는 세균벌레가 이미 들어갔을 거야. 엄마, 내 적혈구와 백혈구가 힘을 낼까요?" 늘 새롭게 듣고 오랫동안 생각했었다. 그렇게 아이 스스로 생각하고 힘을 내었다. 단단했던 굳은살도 많이 부드러워졌다.

이제 컴퓨터를 끄고 잠든 아이 옆에 살짝 누우면 연후는 인기척을 느끼고 내 팔을 끌어안을 것이다. 팔꿈치를 살살 만지며 다시 잠이 들겠지. 팔꿈치를 만지는 이 습관은 좀 더 오래갈 것 같다. 오래가도 괜찮고 그랬으면 좋겠다. 연후가 엄마를 떼는 날은 아직 나도 준비가 안 되었다.

"엄마, 연후 하는 거 봐요."

"엄마꺼 먹어봐도 돼요?"

"그럼, 먹어봐도 되지."

"엄마, 저기 가 볼래요."

"그래, 걱정말고 다녀와."

"엄마, 연후 하는 거 봐요."

"오! 정말 멋진 걸."

조심성 많은 연후와 격려해주고픈 엄마와의 대화다. 예민하
고 소심한 기질이 있는 아이를 늘 가까이서 응원했다. 아이는 언

제나 허락을 구하거나 수시로 보고를 한다. 나는 아이가 제안하는 대부분의 것을 허락한다. 나는 대인배니까 울타리를 크게 치고 지켜본다. 엄마의 예상을 넘지 않는 연후는 수월하게 잘 자라고 있다.

정말 맞게 가고 있는 것일까… 아이는 안심하는 것이 아니라 눈치와 허락이 익숙한 아이가 되어가고 있는 게 아닌지… 울타리를 크게 쳤다고 생각할 게 아니라 울타리를 걷어야 하는 게 맞는 건지….

응원하고 싶었을 뿐인데.

안전하게 지켜주고 싶었던 것뿐인데.

오늘 커피를 너무 많이 마셨나. 잠이 안 오고 생각이 많아지는 밤이다.

27개월

"나는 꽃이야. 짠!"

연후의 손을 잡고 있었지만 나는 한 걸음 더 앞서 걷고 있었다. 특별한 약속은 없었는데 마음이 급했다. 집에 가서 우유 한잔 주어야지. 그러면 연후가 금세 잠들 것 같다. 그럼 나는 믹스커피를 두 개 타서 멍하니, 그냥 진짜 멍하니 있을 거다. 빨리 그렇게 하고 싶다.

"엄마!"

연후가 부른 걸 알고 있었는데 못들은 척하고 걸었다. 다시 "엄마!" 하고 불렀을 때는 "왜~" 하고 계속 걸었다. 연후가 잡은 손을 살짝 잡아당기면서 더 큰 소리로 불렀다.

"엄마, 잠깐만 멈춰봐."

별거 아니면 받아주지 않을 생각으로 몸을 반만 돌려 보았다.

"나는 꽃이야. 짠!"

까만 손을 야무지게 모아 꽃받침을 만들어 웃고 있다.

이렇게 예쁘게 봄이 오는 줄도 모르고 바쁘게 굴어 미안해.

네가 봄이다.

28개월

아이를 재우고 아이 옆에 누워 사진을 복습하며 웃다가 생각
이 흘러흘러 나의 엄마에게로 간다. 엄마는 무척이나 포근하다.
나는 엄마의 날개 밑으로 폭 들어가 안기는 걸 좋아했다. 그렇게
안기면 엄마냄새가 제일 많이 난다. 어느새 내 키가 엄마보다 자
라서 얼굴을 날개에 묻지 못하고 어깨 위에 기대야 했던 어느 날
의 그 순간 몹시 아쉬웠었다.

내가 학교에 입학한 후부터는 엄마도 다시 사회생활을 시작
하셨고, 그 무렵의 엄마는 영락없는 계모였다. 집안일을 가르치

고, 머리도 묶어주지 않고 숙제도 봐주지 않으셨다. 여덟 살에 혼자 머리 묶는 게 어려워서 하나로 높이 묶는 포니테일만 하고 다녔는데 이마저도 열 번은 넘게 시도해야 했다. 팔이 너무 아프지만 꾹 참고 고무줄을 단단히 감고 나면 꼭 왼쪽 옆머리가 쓱 흘러 내려온다. 도저히 더는 못하겠다. 또 실패하면 울어버릴 것 같고 이러다 지각하게 생겼다. 흘러내려 온 옆머리 한 움큼을 싹둑 잘라버렸다. 저질러 놓고 혼날까 봐 머리카락은 밖에 버렸다. 저녁에 돌아와 엄마는 머리가 왜 잘렸나 묻지 않았고 다음 날 예쁜 머리띠를 사왔다.

유치원 때부터 비가 와도 우산을 가지고 와 기다려준 적이 없는데 이건 고등학생 때 겪어도 똑같이 서운하더라. 비를 쫄딱 맞고 들어오면 오히려 혼이 났으니 억울하기 짝이 없었다.

"너 바보야? 같은 방향 사람한테 같이 쓰고 가자고 말 못해?"

옳았다고 생각하는 엄마의 육아 방식 몇 가지를 흉내내고 있지만 이건 못하겠다. 요즘은 세상이 호락호락하지 않단 말이다.

내가 꼬마일 때부터 엄마는 스스로 생각하고 결정하고 책임
지도록 가르치셨다. 엄마의 깊은 마음을 알 길이 없었던 나는 이
것이 익숙해질 때까지 꽤나 속앓이를 했던 것 같다. 어쩌면 지금
의 연후보다 더 여렸던 내 마음의 힘을 강하게 길러준 조여사와
의 이야기가 몇 가지 떠오른다.

"솔직하게 말하면 용서해줄게."

엄마는 정말로 늘 용서해주었다. 엄마의 비상금 서랍에서 돈
을 꺼내어도 친구들과 떡볶이가 먹고 싶었다고 말하면 나무라
지 않았다. 솔직하게 말할 때 심장이 쿵쾅거려서 벌을 받지 않아
도 기운이 쪽 빠진다. 혼이 난 것도 아닌데 결국 엉엉 눈물을 쏟
았다.

"그랬구나, 알았어. 그렇지만 이건 나쁜 행동이야. 돈이 필요
하면 엄마한테 말해도 돼."

엄마는 내가 거짓말을 하고 있는지 아닌지 다 알고 있었다. 솔
직하지 않으면 무섭게 야단을 치셨다. 엄마는 귀신이다.

내 머리가 좀 크고 나서는 그 규칙을 악용했고 엄마는 다 받아주었다.

"엄마, 참고서 사야 해. 27,000원인데, 책 사고 친구들이랑 놀다 올게. 50,000원 주면 좋겠어. 솔직하지?"

어른이 되어서야 알게 된 것 하나, 학교나 학원에도 선생님께 따로 부탁을 했었다고 한다.

"우리 아이가 학원에 가기 싫다고 하면, 이유를 묻지 말고 알았다 내일보자 해주세요."

엄마는 내가 학원에 가기 싫은 날이 있으면 직접 전화해서 "오늘은 안 가고 싶어요"라고 말하라 하셨다. 다른 엄마들은 우리 아이가 오늘 좀 아파요. 잘도 전화 해주시던데.

열 살도 안 된 아이가 엄청 용기 내어 전화를 했을 것이고, 솔직하게 말하기가 거짓말보다 어려웠을 것이며, 꼬마라도 양심이 있어서 내일 또 안 간다거나 자주 이러지는 않을 테니까 절대로 싫은 내색 말고 다음 날 만나면 반갑다 해주시라고 했단다.

피아노 학원에 전화해서 "오늘은 가기 싫어요." 바들바들 떨

며 말했던 적이 있다. 그 후로 한번도 학원을 빠진 날이 없다. 미
술학원도 주산학원도.

"세 가지 이유를 말해봐."

엄마는 그것이 무엇이든, 세 가지 이유를 말하면 들어주었다.
한때《월리를 찾아서》라는 책이 유행이었다. 숨은 그림 찾기처
럼 비슷한 월리 얼굴 속에서 단 하나 진짜 월리를 찾는 책이다.
엉뚱한 책인데 시리즈가 여러 권이고 심지어 꽤 비싸서 엄마는
당황하셨을 거다.

"그게 왜 갖고 싶어?"

"첫째, 그냥. 난 그 책이 갖고 싶어. 둘째, 친구들도 많이 있어
서 같이 놀려면 나도 필요해. 셋째, 음… 셋째는 내 생일 선물 미
리 사줘 그냥."

결론은 그냥 사달라는 뜻이다. 그것을 세 가지 이유로 만드느
라 방에서 오랫동안 고심하면서 적은 쪽지를 구겨 들고 읊었던
기억이 난다. 서점에 함께 가서 책을 들고 오면서 내가 엄마를

설득했구나. 얼마나 뿌듯했는지 모른다. 엄마가 보기에 세 가지 이유가 정말 합당했겠나. 깊이 고민하고 생각하는 연습인 것을 이제는 안다.

"그때 네가 많이 힘들어했던 거 알아. 그렇지만 잘 이겨낼 거라 믿었어."

고등학생 시절 동아리 활동으로 연극반을 선택했다. 연극의 매력에 진로로 고민할 만큼 좋아서 들어갔는데, 전통이라고 하는 규율과 억압에 따르는 것은 쉽지가 않았다. 선배에게 90도로 인사하기, 잦은 기합과 기싸움. 지금은 무척 소중하고 두고두고 배꼽잡는 추억이 되었지만 요즘이라면 매스컴을 탈지도 모를 일이다.

공연을 일주일 정도 앞둔 어느 날, 선배들과의 기싸움이 극에 달했다. 무엇 때문이었는지 이제는 기억도 나질 않는다. 그 정도로 싸움의 이유란 게 몹시 사소했지만 그 시절 열일곱 열여덟 살 소녀들에게는 꽤나 심각한 사건이었다. 연습실에 모이긴 했으나 연습을 할 수도 화해를 할 수도 없는 분위기였다. 절대적으로 약자인 나와 친구들은 두 시간째 같은 자리에서 같은 자세로 눈만 굴리고 앉아 있는 중이다. 이미 며칠 전부터 연습은 전혀 못하고 이 꼴이다.

"안녕하세요. 실례합니다. 소연이 엄마예요. 힘들 텐데 간식 좀 먹고들 해요. 홍홍."

엄마다. 적막을 깨고 천연덕스럽게 웃으면서 간식 두 봉지를 들고 들어오는 엄마. 손수 만드신 떡볶이와 치킨 그리고 과자와 음료수를 책상에 적당히 부려놓고 쏙 가버리셨다. 철없는 열일곱 살의 나는 솔직히 그 순간 엄마가 썩 반갑지 않았다. 전혀 도움이 안 된다고 생각했다. 요리에 취미가 별로 없는 엄마가 닭튀김까지 했다는 게 믿어지지도 않고 괜히 쑥스럽고 그랬다.

어리둥절 서로 눈치만 보다가 간식을 열었다. 저녁도 못 먹고 8시가 넘어가고 있다. 말도 없이 포시락 포시락 엄마의 음식을 함께 먹었다. 치킨도 맛있었다. 냉랭했던 분위기가 간식으로 녹으면서 공연도 무사히 치렀더랬다.

스무 살이 넘어서야 엄마에게 물었다.

"엄마 그때 어떻게 간식을 싸다 줄 수가 있어? 나보고 연극반

그만두라고 하던가, 선생님한테 말해서 선배들이 그렇게 못하게 해줬어야지."

"엄마도 너무 속상했어. 그래서 그 선배언니라는 애들 쫓아가서 꿀밤이라도 때려주고 싶었어. 그런데 연극반은 네가 처음으로 하고 싶은 걸 고민하고 찾아내서 선택한 거였잖아. 그 처음이 포기로 끝나면 더 속상할 것 같았어. 살다 보면 포기할 일이 많이 있거든. 벌써 알게 해주고 싶지 않았지. 그때 네가 많이 힘들어했던 거 알아. 그렇지만 잘 이겨낼 거라 믿었고, 그게 너에게 큰 힘이 될 거란 걸 말해주고 응원해주고 싶었는데. 그때는 아마 말해도 모를 테고. 생각나는 게 간식밖에 없더라. 그 나이 때에 긴장감을 풀어주는 건 먹는 게 최고거든. 홍홍."

엄마가 왜 닭을 직접 튀겼는지 알 것 같다. 닭을 튀기면서 속상한 마음을 삭혔을 것이다. 그리고 절반은 정성을 다하는 의식이었을 것이다. 나도 엄마처럼 연후를 믿고 응원해줄 수 있을까. 엄마가 되어 보니 힘들어하는 아이를 지켜보면서 얼마나 조마조마 했을지 마음이 저릿하다.

내일 엄마 집에 가도 되냐고 문자를 보냈다.

"아니, 오지 마."

보고 싶다, 우리 엄마.

"혼자 있고 싶어."

이 말을 이렇게 빨리 듣게 될 줄은 몰랐다. 감성이 풍부한 아이인 건 알지만, 14살도 아니고 4살인데 혼자 있고 싶다니. 내가 보기에는 너무 사소한 일에 아이는 두 손으로 얼굴을 가리고 흑흑 삼키면서 사춘기 소녀처럼 운다.

"연후야, 어떤 속상한 일이 있었어?"

"몰라. 말 안 할꺼야."

"말하기 싫구나. 그래 기다릴게."

"기다리지 마. 엄마는 거실로 가. 혼자 있고 싶어."

혼자 있고 싶어, 혼자 있고 싶어, 메아리가 친다. 일단 거실로 건너와 관심 없는 척하려고 아무 책이나 펼쳤다. 그래, 우리 각자 혼자 있는 시간을 갖기로 하자. 그동안 너무 붙어 지낸 것 같구나.

어느새 연후가 내 발밑으로 와 공주 스티커로 파란 버스 장난감을 꾸며주고 있다.

29개월

"아빠 같은데? 아빠처럼 머리가 큰데….."

우리집 근처 지하철역으로 아빠 마중 나가기를 좋아한다. 역사에 있는 도넛 가게에서 나는 따뜻한 커피 한 잔을 마시고 연후는 도넛 한 개 반을 먹으며 아빠를 기다린다. 도넛은 나 하나 너 하나 고르기가 약속인데 꼭 엄마 꺼 같이 먹자 하고 자기 꺼는 반만 먹고 남겨 간다. 아이가 맛있게 잘 먹으니 결국 나는 한 입 먹고 내려놓게 된다. 아무래도 아빠가 아니라 도넛을 좋아하는 것 같다.

도넛 가게가 개찰구 안까지 깊게 자리하고 있어 아빠가 플랫

폼에서 계단으로 올라오는 모습을 지켜볼 수 있다. 아빠 마중 나올 때마다 우리의 지정석은 창가 두 번째 자리다.

"엄마, 저거 아빠 아니야?"

"어디? 아빠 아닌데?"

"아빠 같은데… 아빠처럼 머리가 큰데."

도넛을 좋아하는 연후와 커피를 좋아하는 나 그리고 딸바보 남편. 우리는 각자 짝사랑일지라도 모두가 행복한 시간이다.

"핸님이 여누 예쁘다고 까꿍하네."

부산 가족들과 자주 만나지 못하니 오랜만에 내려가면 연후의 예쁘고 귀여운 모습만 보여드리고 싶다. 사실 어른들께서는 그저 함께 하루하루 보내는 것 자체가 기쁨일 것을 알면서도.

엄마 손만 잡고, 엄마가 주는 것만 먹고, 엄마랑만 속닥이기를 좋아하니 나는 참 난감하고 죄송스럽기까지 하다. 다른 건 몰라도 이야기(연후 목소리)라도 같이 들으실 수 있게 나는 연후에게 일부러 크게 말을 걸고 노래를 부른다.

아이 고모까지 어른 5명이 한 차에 붙어 앉아 맛있는 고기를 먹으러 가는 길에 차가 많이 막혔다. 좁긴 했어도 불편한 것은 하나 없었지만 아이가 누구와 살이 닿는 것도 싫다 하고 이야기도 하기 싫어해서 내 마음이 너무 불편했다. (도대체 아이를 어떻게 키우길래 이러니 생각하실까 봐 걱정도 했던 것 같다) 연후 목소리가 안 들릴까 봐 음악도 꺼버렸는데 아이는 말이 없고 나는 초조하다. 창밖에는 햇볕이 너무 눈부셔서 눈이 저절로 감겼다.

"연후야, 햇님이 너무 눈부시다. 그치?"

"엄마, 햇님이~ 여누 애뿌다고~ 까꿍하네? 그러치? 햇님아! 이히히."

모두 웃었다.

나도 웃었다. 휴, 한 건 했다.

"집에 빨리 가자요. 아기가 오고 이써요!"

연후에게 동생이 생겼다. 아직 연후에게는 특급 비밀. 엄마가 세상의 전부인 아이가 동생의 존재를 알면 엄마 집착이 더 커질까 싶기도 하고 미리 동생에 대한 미움을 키울까 봐 걱정했기 때문이다. 더구나 둘째 녀석도 지난 겨울에 유산되었다가 다시 찾아온 거라 아직 조심스러운 때이다. 배가 불러오기 시작할 때까지는 모르게 하기로 했다. 아이가 잠결에라도 동생 이야기를 들을까 봐 남편과 나는 얼마나 조심하는지 모른다.

하늘이 맑은 아침, 침대 위에서 블록을 가지고 놀다가 그대로 두고 어린이집에 가는 길, 연후가 갑자기 멈춰서더니 발을 동동 굴렀다.

"엄마! 집에 가자요. 빨리요. 아기가 내 장난감을 다 만지고 내 침대에 누울 거에요."

"응? 우리집에 아기가 어딨어?"

"지금 오고 있어요!"

아이들은 먼저 느끼고 다 안다더니 세상에 이럴 수가. 소오름.

아기가
오고 있어요!

"동생 업떠. 동생 시러.
문 띵동해도 안 열어줄거야."

나와 연후는 나란히 누워 "잘자요." 인사했다. 남편은 긴 팔을 뻗어 우리 둘을 한꺼번에 안고 오늘따라 기쁨이 충만한 목소리로 인사를 한다. "여보 잘자. 연후 잘자. 오복이 잘자." 헉! 아직은 말하지 말지. 나도 모르게 마른 침을 꼴깍 삼켰다.

"오복이? 오복이가 누구야?"

아이는 눈이 댕그래져서는 몸을 반쯤 세우고 심각하게 물었다.

나는 이제 몰라. 당신이 저지른 일 당신이 알아서 수습하시오.

눈빛을 건네고 내심 뭐라고 할지 기대도 되는 순간이다.

"음, 오복이는 연후 동생이야. 연후 동생은 지금 엄마 뱃속에 있어. 하늘에서 반짝이는 별이었는데, 우리에게 찾아왔어. 아, 맞다! 연후도 별이었는데 엄마아빠가 소원을 빌어서 와 준 거잖아!"

남편은 아이가 흥미롭게 들을 수 있도록 꼭 동화책을 읽어주는 것처럼 끝소리를 오르락내리락 하면서 이야기한다. 이 남자도 분명히 긴장하고 있다.

"별? 나도 별이었는데? 내가 제일 반짝반짝 했는데?!"

"맞아! 그랬지. 연후별이 제일 반짝거렸지. 제일 예쁘게 반짝거리던 별이 엄마아빠한테 와줘서 정말 고마워. 지금 두 번째로 반짝이는 동생 별 하나가 엄마 뱃속에서 자라고 있어. 겨울에 태어나서 우리집에 올 거야."

"동생 업떠. 동생 시러. 문 땅똥해도 안 열어줄거야!"

"연후야, 동생이 오면 우리 파티 해주자! 케익 사서 촛불도 불고 노래도 부르고 축하해주면 어때?"

"파티?! 그건 좀 재밌겠네."

성공인 것 같다. 연후는 동생을(파티를?) 손꼽아 기다리는 누나가 되었다.

32개월

화내! 화내란 말이야!

연후 컨디션 조절에 실패했다. 친구 아기의 돌잔치는 연후가 한참 꿀잠에 빠질 시간. 아침에 조금 일찍 일어나 간단한 식사를 하고 차에서 재우면 잔치를 즐길 수 있을 것이라 믿었다.

아이는 늦게 일어났고 식사는커녕 좋아하는 빵도 한 입 먹지 않고 내려놓았다. 몸과 마음이 뒤늦게 깨어 신나는 표정으로 블록상자를 와르르 쏟아내었을 때는 서둘러 준비를 하고 나가야 했다.

아이는 잔치음식으로 방울토마토 두 그릇과 감귤주스 두 잔을 비웠다. 난 연후가 입맛에 맞을 음식을 나르느라 바빴고, 남편은 골고루 담아온 그릇을 빙글 돌려서 내가 좋아하는 쪽을 가까이 해주었다. 그래, 뭐든 먹고 싶은 걸로 양껏 먹고 돌아가는 길에 한숨자면 고맙겠다. 우리는 다음 모임 시간에 늦지 않으려고 커피 한 잔도 내리지 않고 일어섰다.

"연후야 엄마랑 화장실 갔다가 가자."
"싫어. 나는 쉬 안 마려워."
"우리 차 타고 한참 가야 해서 미리 하는 게 좋을 것 같아."
"싫어. 안 해."

나는 연후가 쉬나 응가를 참고 있는 표정과 걸음걸이를 알고 있다. 아이는 지금 옷을 내리고 준비하는 시간을 참지 못할 정도로 급하다. 졸음이 쏟아지고 기분이 몹시 안 좋아 모든 것을 부정하는 중이다. 남편은 우리의 기싸움이 오래 걸릴 것을 예감하고 먼저 차를 빼두겠다고 한다.

"엄마는 쉬 마려워. 같이 가줘."

"나는 안 한다고 했어."

"아, 시원해. 연후는 정말 안 해?"

"아아아아아악! 안 할 거야!"

아이는 화장실 가운데 칸에서 두 주먹을 불끈 쥐고 소리를 지르고 있다. 온몸의 구멍을 온 힘을 다해 막는 것 같다. 사람들이 기웃거리는 것은 괜찮다. 연후가 편안해지면 좋겠다. 그뿐이다.

"옷에 할래!"

"그래. 옷에 해."

"옷이 그럼 다 젖잖아! 무슨 엄마가 그것도 몰라!"

"괜찮아. 여기 위층에 아이 옷가게 있더라. 사서 갈아입으면 돼."

"바닥에 할래!"

"그래. 바닥에 해."

"엉망이 되면 어쩌라고!"

"엄마가 치울게. 걱정 마."

"그냥 안 할래!"

"그래. 나가자. 어쩔 수 없다."

옷에 할래, 바닥에 할래, 안 할래, 악을 쓰며 화장실을 들락거린 것이 몇 번이던가.

"엄마!"

"왜."

"화내! 화내란 말이야!"

"화내고 싶지 않아. 화낼 일은 아니니까. 근데 연후야 엄마 좀 힘들다."

"엄마, 할래! 지금! 도와줘!"

속옷과 스타킹을 한꺼번에 잡고 내리면서 몸을 접어 변기에 앉혔다. 내 속이 다 시원하다. 정말 옷은 다 젖고, 바닥까지 엉망이 될 뻔했다. 이렇게 힘들 일인가.

남편은 아무것도 묻지 않았다. 물어도 대답할 기운이 없기도 하다. 나는 벨트도 하지 않고 남편의 운전석 시트에 이마를 기댔다. 연후는 카시트에 앉자마자 눈꺼풀이 무겁게 내려앉는다.

"엄마, 미안해요."

"알았어. 사과해줘서 고마워. 그런데 연후야, 왜 그랬는지 물어봐도 돼? 엄마 많이 속상했어."

"모르겠어."

"모르겠구나. 그래. 내 마음을 모를 때도 있지."

"엄마."

"응."

"고마워요. 엄마는 좋은 사람이야."

"옛날엔 여기 연후가 있었는데
지금은 오복이 있어?"

오복이의 존재를 알게 된 후부터 생각날 때마다 동생 안부를 묻는다.

"옛날엔 여기 연후가 있었는데 지금은 오복이 있어?"

"응, 맞아. 이젠 오복이 있지."

"오복아 뭐하니? 똑똑. 내가 먼저 태어나서 누나지롱. 메롱."

그러다 자기 앨범을 낑낑 끌고 와서 아기 연후 이야기를 해달라고 무릎에 앉는다. 하하 정말 못생겼다. 아기 연후.

"엄마, 아기 연후가 왜 울어?"

"아기 연후는 지금 연후처럼 말을 잘 못해. 배고파도 울고, 심심해도 울지. 그래서 왜 우나 잘 살펴봐야 해."

"아아, 이건 배고파서 우나봐요. 이것 봐. 우유 먹을 땐 안 울자나."

큰 아이가 동생맞이에 대해 걱정했던 것보다 잘 받아들여줘서 너무 고맙다. 임신백과를 같이 보면서 걱정과 참견이 지나치긴 하지만.

33개월

**"저는 엄마 뱃속에 있을 때 노래 부르며 놀았는데요.
기분이 너무 좋았어요. 엄마도 행복했대요."**

진짜 기억인지, 지어낸 이야기인지 알 수 없지만 무엇이든 상관없다. 이 아이가 엄마 뱃속에서 자라는 동안 행복했던 것만은 진짜인 것 같아 뭉클하다.

어린이집 선생님께 이 이야기를 전해 듣고 너무 신기하고 감동이었다. 직접 다시 듣고 싶다.

"엄마 뱃속에서 있었던 일 기억해?"

"응."

"어땠는데?"

"따뜻했어."

"엄마도. 따뜻하고 행복했어."

"우리, 노래 부를까?"

주먹 쥐고, 손을 펴서~, 손뼉 치고! 주먹 쥐고~.

'손뼉 치고'에서는 우리 서로 손뼉을 마주 치려다가 엇나가서 몇 번을 다시 불렀는지 모르겠다. 찹찹찹 찰진 소리가 날 때까지 다시 또 다시.

연후가 뱃속에 있을 때는 배를 통통통 두드렸던 노래다.

"엄마가 하면 지켜볼게요."

어린이집에서 바자회가 열렸다. 안 쓰는 물건들을 내놓고 500원, 1,000원에 사고파는 놀이. 갖고 싶은 장난감, 공주치마 그리고 책을 만지작거리기만 하다가 아무것도 못 사고 돌아갈 지경이다.

"연후야, 사고 싶은 게 있으면 '얼마에요?' 물어보고 사면 돼."

"알아요. 그런데 얼마에요 하기가 부끄러워요. 엄마가 하면 지켜볼게요."

지켜볼게요. 이 말이 나에게는 얼마나 무거운지. 늘 내 말투와 행동, 표정까지 지켜보는 걸 잘 알고 있기에 바른 모습을 보여주려고 애쓰게 된다. 아이가 마음으로 찜해 두었던 책과 공주치마를 샀다. "얼마에요?" 하고 대신 말해주면 연후가 돈을 내고 거스름돈도 직접 받았다. 장난감은 알록달록한 색깔의 요술봉 같은 것이었는데 그 사이 팔려서 살 수가 없었다. 아이는 얼마에요, 물어보는 용기를 내지 않으면 원하는 것을 사지 못할 수도 있다는 걸 배웠을 것이다.

연후가 팝콘 가게 앞에 서서 내 팔을 잡아당겨 멈추게 한 다음 기어들어가는 소리로 말했다.

"얼마에요?"

팝콘을 튀기던 같은 반 친구 엄마가 허리를 숙여 아이의 말에 귀를 가까이 대주었다.

"팝콘 하나 줄까요? 천원이에요."

봉투에 가득 담긴 팝콘을 들고 엄청 뿌듯해했다. 장난감을 못 사서 아쉬워하던 것도 잊었고, 다른 것은 살 필요도 없이 다 가진 듯 보인다.

이렇게 또 한 뼘 자란다.

"사이다를 먹으면 어떡해요?
오복이가 맵다고 하잖아요!"

잔소리가, 잔소리가 보통이 아니다.

오복아, 아무래도 너는 태어나면 누나한테 많이 혼날 것 같다.

"엄마, 우리 결혼하자."

"좋아! 그런데 결혼이 뭐야?"

"서로 지켜주고 행복하게 사는 거예요."

"다섯 살 되면 안 빨 거예요."

"언제까지 손 빨 거야?"

"다섯 살 되면 안 빨 거에요."

다섯 살. 한 달 남은 건 알고 있니. 슬그머니 손을 빨 때 엄마가 모른 척해주고 있다는 것을 알고 있는 눈치다. 그것도 모른 척하고 있다.

"너도 손을 빨아?"

"응, 나도 사실은 손 빨아."

"어디 봐봐, 손 미워졌나. 에이 거칠거칠하네. 엄마한테 혼나 겠다."

"아니야, 혼나지는 않아. 엄마가 못 본 척하던데."

"그래? 너희 엄마는 착하구나."

아는 척할 뻔한 애착인형 밍밍이와의 대화.

"엄마도 엄마의 엄마가 그리워요?"

그립다. 우리 엄마. 오복이 출산 전에 친정에 머물러 엄마밥을 실컷 먹었다. 나는 며칠을 게으르게 보냈고 아이는 외할머니와 정을 듬뿍 나누었다. 오복이가 태어날 때까지 봄이 할머니집(친정집에서 키우는 백구 이름이 봄이다)에 또 가기 힘들 거라고 했더니 아이가 그립다 한다.

"그립다. 엄마도 엄마의 엄마가 그리워요?"
"응, 그리워. 엄마도 엄마가 그리워."

"할머니도 그리워할까요?"

연후가 생각하는 그리움은 어떤 느낌인지 궁금했지만 묻지
않기로 했다. 그리워서 그리운 거니까.

"엄마 예뻐. 마음은 더 예뻐."

휴대폰에만 갇혀 있는 아이 사진을 인화했다. 빨리 커라, 빨리 커라, 주문이 통한 듯 훌쩍 자란 것이 실감난다. 눈, 입, 머리카락까지 신남이 가득 담긴 찰나를 찬찬히 다시 보는 중이다.

"엄마, 나 이거 할 때 엄마는 어디 있었어?"

"엄마는 바로 앞에 있었지. 엄마가 찍어줬으니까."

"왜 같이 안 찍었어?"

"엄마는 안 예뻐서."

"엄마 예뻐. 마음은 더 예뻐."

"왕관 머리띠 고마워. 우리 파티 하자."

작은 녀석은 성격이 급한가 보다. 예정일보다 2주 앞으로 출산 수술일을 잡아두었는데 그것보다 1주 빠른 새벽 진통으로 급히 수술을 했다. 아직 출산 가방을 싸 두지도 않아서 진통이 잦아드는 틈에 하나씩 하나씩 넣었다. 빠뜨린 게 있는 것 같은데 모르겠다.

제일 중요한 것을 잊을 뻔했다. 오복이가 누나에게 주는 선물. 연후가 좋아할 만한 왕관 머리띠를 사 두었다. 포장을 미리 해둘걸. 항상 이렇게 닥쳐 하느라 몸이 고생이다.

누나 만나서 반가워.

사이좋게 지내자.

– 오복이가

깊은 호흡을 하며 한 글자 한 글자 쪽지를 쓰고 겨우 포장을
했다.

출산을 앞두고 오로지 큰 아이 생각뿐이다. 수술 준비를 하면
서 남편에게 당부했다.

"오복이가 나오면 제일 먼저 연후한테 선물을 줘. 가방 앞에
큰 지퍼 칸에 넣어두었어. 잊으면 안 돼."

연후의 설레이는 표정이 남편의 사진에 고스란히 담겼다.

"왕관 머리띠 고마워. 우리 집에 가면 파티하자."

왕관 머리띠
고마워!

38개월

"엄마가 나를 이해해주면 좋겠어."

연후가 동생을 만난 지 열흘쯤 되었다. 늘 엄마랑 자석처럼 붙어있는 아이인데 꼬물꼬물하는 동생 훈이에게 엄마 옆자리를 양보해주는 기특한 누나다. 그걸 알면서도 쉴 새 없이 엄마를 불러대니 나도 다정하게 대답해주다가 이내 짜증을 내게 된다. 훈이가 "응애~" 하고 울음소리를 내면 연후가 더 큰 소리로 "엄마 엄마, 잠깐만 이리 와봐. 잠깐 나 먼저!" 한다. 그래서 먼저 가보면 완전 별 일이 아니거나, "엄마, 사랑해" 하면서 어색한 미소를 보인다. 웃는 게 웃는 게 아니다. 그때는 아이의 불안함을 보지 못하고 갓난아이 울음이 커지는 게 더 불안해서 "어, 그래. 고마워. 엄마도." 영혼 없는 대답을 하고 획 돌아 작은아이에게 달려간다.

훈이가 잠든 지 얼마 안 되었는데 또 우엥 하고 울었다. 역시나 연후도 엄마! 나 좀 도와줘! 다급하게 부른다. 잠시만 기다려. 훈이 보고 곧 갈게. 했는데 아니라고 내가 먼저 불렀다고 우기며 울고 있다. 이럴 때는 정말 내가 둘이었으면 좋겠다. 아니 셋이었으면 좋겠다. 한 명은 큰아이, 다른 한 명은 작은아이를 살피고 나머지 하나의 나는 조용히 쉬고 싶다. 두 아이의 울음을 서라운드로 들으며 이런 말도 안 되는 생각이 들자 울컥 화가 났다.

"연후야, 너 정말 너무하다. 엄마는 지금 밥 한 끼도 제대로 못 먹었어. 알지? 밤에도 편히 못 자고. 훈이는 너무 아가라서 말을 못하잖아. 우는 것밖에 못해서 훈이도 답답할 거야. 그러니까 엄마가 빨리 와서 살펴봐줘야 해. 너는 말도 잘하고 스스로 할 수 있는 것도 많으면서 왜 자꾸 엄마를 부르는 거야. 엄마가 힘들어하는 게 좋아? 네 생각을 말해 봐."

마지막 말은 하지 말 걸 그랬다. 엄마가 힘든 게 좋냐니. 엄마를 너무 좋아해서 자꾸 부르는 걸 알고 있는데 말은 이미 그렇게 나와버렸다. 아이 마음은 하나도 모르는 엄마가 되어 내 말만 다다다 쏟아놓고 네 생각을 물어보는 것도 어이없는데 주워 담을 수도 없고. 아이는 고개를 숙이고 아주 조용히 울고 있다. 큰 소리로 우는 것보다 더 울림이 크다.

"엄마가 무섭게 말해서 미안해. 혼낸 건 아니야. 엄마도 힘이 들어서 그랬어. 엄마한테는 연후가 일번이야. 자꾸 기다리라고 해서 미안해. 엄마도 훈이가 얼른 자라서 연후처럼 키도 크고 말도 잘했으면 좋겠어. 그때까지 우리가 이해해주고 도와주자. 응?"

그제서야 꺼이꺼이 숨이 넘어가도록 울음이 터졌다. 뱃속으로 도로 넣을 것처럼 폭 안은 채로 등을 쓸어주며 실컷 울게 기다려주었다. 홀쩍홀쩍 울음이 잦아들고 아이가 나지막이 속삭인 말.

"엄마가… 나를… 나를 이해해주면 좋겠어."

40개월

"내가 신데렐라가 된 것 같아요."

아기 손수건 개는 방법을 알려주었더니 제법이다.

신데렐라가 된 것 같다고 좋아할 줄이야. 사랑스러운 다섯 살 꼬마 공주.

"공주는 드레스 입고 왕자님이랑 결혼하는 거지?"

"그렇지. 정말 예쁘겠다. 결혼할 때 엄마 꼭 초대해줘."

"초대? 엄마는 돌아가셔야 하는데 어떻게 초대하지….."

공주 동화 속 엄마들은 왜 다들 일찍 떠나셔서 딸 결혼식도 못 보게 하시나.

"괜찮아요. 훈이는 아직 클 때라서 그래요.
엄마도 힘내요."

"연후야 훈이 또 배고픈가 봐. 조금만 기다려줘. 미안."

"괜찮아요. 훈이는 아직 클 때라서 그래요. 엄마도 힘내요."

"빨리 네 살 돼라. 제발. 응? 같이 놀자."

연후가 훈이 앉아 있는 바운서를 흔들흔들 해주니 딸랑이 장난감이 딸랑딸랑 소리를 낸다. 훈이가 발을 뻗어 나비 모양 딸랑이를 탁 쳤다.

"잘했어! 훈아. 이것도 해봐. 조금만 더!"

마치 정말 알아듣는 것처럼 훈이가 발을 허우적댄다. 목적은 있어도 뜻대로 되지 않는 3개월 아기의 발.

누나가 바운서를 조금 더 세게 흔들었더니 딸랑이들이 크게 움직여 훈이 발에 닿을랑말랑 한다.

"그래. 그래. 힘을 내! 이번엔 왼쪽 차례야!"

참 예쁘다. 어른이 되어도 서로 이렇게 응원해주는 남매로 자라기를 바란다.

"훈아, 빨리 네 살 돼라. 제발. 응? 같이 놀자."

"그런데 왜 네 살이야? 그 전까지는 같이 못 놀아?"

"아니 그건 아닌데, 내가 생각해보니까 세 살 때까지는 어떻게 놀았나 기억이 잘 안 나서."

"아빠는 뭐가 제일 무서워요?"

"연후야, 오늘 밤에 비가 온대."

"천둥도 친대요? 나 천둥은 무서워요."

"아빠가 있잖아. 걱정 마. 지켜줄게."

"아빠는 도깨비도 안 무서워요?"

"그럼! 한 개도 안 무섭지!"

"그러면요. 음. 마녀도 안 무서워요?"

"안 무섭다! 모두 덤벼. 얍얍!"

"꺄. 최고! 그러면. 아빠는 뭐가 제일 무서워요?"

"아빠는… 엄마가 제일 무서워."

"아아~ 그렇구나."

42개월

"엄마, 사실은 엄마를 사랑하지만
미울 때도 있어요."

"언제?"

"화낼 때."

"어떻게?"

"이렇게."

코를 찡긋하고 눈을 찌푸리며 입술을 구긴 채로

허리에 손을 착 올리더니 노려본다.

엄마 미운 모습을 흉내내는 것도

너는 참 예쁘다.

"사랑해는 나비처럼 말해야지. 사랑해~ 이렇게."

"연후야. 싸랑해~."

"칫."

"왜 치야? 사랑한다는데?"

"장난치지 말고! 사랑해는 나비처럼 말해야지. 사랑해~ 이렇게."

"엄마는 웃음이, 아빠는 똥쟁이, 려훈이는 침쟁이."

"내가 우리 가족 별명을 지었어."

"엄마는 웃음이, 아빠는 똥쟁이, 려훈이는 침쟁이."

"연후는?"

"나는 기쁨이."

"다른 데도 찾아보고 와!
벌써 찾는 게 어딨어! 다 망쳤어."

숨바꼭질은 못 찾는 척을 해주는 것이 중요한데 아빠가 이제
는 지쳤나 보다. "다 숨었니? 찾는다!" 하고 옷장 문을 벌컥 열어
버린 것. 삐치고 사과하고 다시 깔깔대며 놀다가 잠드는 여름밤
이다.

연후가 아빠랑 노는 것을 지켜보는 게 재미있다. 엄마랑 놀 때
와는 다른 태도인 것도 신기하다. 목소리 톤은 물론이고 표정과
몸짓도 미묘하게 달라지는 것을 느낀다. 내가 알던 겁쟁이가 아

133

니다. 아이가 아빠랑 노는 사이 밀린 집안일을 하면 좋을 텐데 글쎄 나는 둘의 모습을 부엌 끝자리에서 지켜보는 것이 좋다. 이만큼만 멀리서 보아도 내가 아이를 숲이 아닌 나무로만 보고 있었다는 걸 깨닫게 되기 때문이다.

아빠는 책을 읽을 때도 엉뚱하게 흘러갈 때가 있다. "토끼와 거북이가 달리기 시합을 하다가 뿡 하고 방귀를 뀌었데요" 하는 식이다. 왜 제대로 읽어주지 않느냐고 남편을 타박하려다가 아이가 까르르 웃어 넘어가는 것을 보고 그냥 두었다. 아이는 실컷 웃고 "그러다가 거북이는 뿌지직 똥이 나와버렸데요" 하면서 말도 안 되는 이야기로 이어 나간다. 엄마와 책을 읽을 때는 글밥 그대로 읽어주어야 하는 아이다. 다른 상상을 유도해보려고 일부러 단어만 살짝 바꾸어 읽어도 지적하던 아이였는데 아빠와는 다른 교감을 나누나 보다.

남편은 우리가 성격이 다른 친구들과도 잘 사귀듯이 연후가 엄마와 아빠의 성격을 파악하고 그에 맞춰 다르게 대하는 법을 터득한 것 같다고 한다. 아이에 대해 너무 많은 걱정을 하지 않아도 되는 것인가 보다.

　몸놀이 담당인 아빠와 땀에 흠뻑 젖도록 놀다 보면 결국 울음으로 끝나기가 다반사. 내 저럴 줄 알았지 생각하면서도 웃음이 나오는 장면이다. 둘이 싸우고 화해하고 마지막 놀이를 정하는 모습을 놓치고 싶지 않다. 설거지 따위 미뤄두고.

"내가 사과했는데 엄마가 계속 무서운 목소리로 말하면,
내가 기분이 좋을까? 안 좋을까?"

"안 좋겠다. 그래 미안. 아까 사과 받았는데. 그런데 아직 기분이 안 좋아. 엄마 커피 한 잔 조용히 마실 때까지만 기다려줘. 그럼 풀릴 것 같아."

아이는 용서가 빠르다. 늘 내가 남은 감정을 털지 못해 들키고 만다. 별일도 아닌데 아이랑 기싸움을 한 내가 한심하고, 식어버린 커피가 아쉽고, 오늘따라 늦는다는 남편이 야속하고 그렇다. 그것들을 하나씩 곱씹느라 "몰라. 됐어. 마음대로 해" 했던 게 연후를 불안하게 했던 모양이다.

꼭 내가 말하는 대로다. 표정까지 그대로다. 입술을 구겨서 턱이 호두알처럼 주름지는 건 심기가 불편할 때 나오는 내 표정이다. 아이 앞에서 웃을 수는 없고 내가 이런 모습이구나 하고 돌아본다.

"쓴 커피야, 단 커피야? 냄새만 맡아볼게. 음 고소한데?"

커피 한 잔을 조용히 마시지는 못했지만 이미 풀렸다.

내가 생각하는 것보다 아이의 세계는 우주보다 크다. 엄마보다 생각이 짧아서 아이인 것도 아니다. 이런 마음으로 아이를 바라보니 함부로 꾸중하거나 강요할 이유가 없고 오히려 내 감정소모도 덜한 것 같다. 아이가 말을 잘하게 된 후부터는 나 혼자 마음으로 정한 두 가지를 신경쓰고 있다.

하나는 명령이나 부정적인 말을 하지 않기.

"안 돼." 보다는 "지금은 하지 않는 것이 좋겠어."

"책 정리해." 말고 "책 정리해줄래? 책 정리할 수 있겠니!" 하려고 노력한다.

솔직히 목구멍에 숨이 꽉 차서 욱하고 올라올 때가 많은 것 인정. 아직 엄마 수양이 한참 모자라다.

둘째로는 감정 표현을 구체적으로 하기.

그냥 "고마워." 아니고, "숟가락 젓가락 놔줘서 고마워. 저녁상이 금방 차려져서 더 따뜻하고 맛있겠다."

미안해할 때도 "드레스 못 입게 해서 기분 나빴다면 미안해. 엄마는 연후가 마음이 바뀐 줄 몰랐어." 하기.

이내 말싸움이 되기도 한다. 누가 더 속상했을지 들어보라며 서로 먼저 사과하라고 양보 없이 싸운다. 쉽게 지지 않고 자기감정을 설명하던 아이의 필살기는, "나는 아직 어린 아이잖아. 어른이 그것도 이해 못해줘?"다. 다섯 살 딸 나무와 티격태격하는 내 꼴이 우스울 텐데 끝끝내 누구 편도 들지 않고 기다려주는 남편에게 뜬금없이 고맙다.

"일본사람들이 미안하다고 사과하고
다시 친구가 되었어요?"

 어린이집에서 광복절에 대해 배워왔다.

 "엄마 광복절 알아? 우리나라를 되찾은 날이래. 그런데 그게 뭐야?"

 "옛날에 할아버지가 태어나기도 전 일인데, 일본 사람들이 우리나라가 너무 아름다워서 가지고 싶었나봐. 우리나라를 가지고, 우리나라 사람들도 가지고 싶어서 일본말을 하게 하고 괴롭혀서 많은 사람들이 죽기도 하고 숨어 지냈던 슬픈 일이 있었어. 그런데 우리나라에는 용감한 사람들도 많았거든. 힘이 센 사람은 맞서 싸웠고, 똑똑한 사람은 글을 써서 다른 나라에도 알렸대. 용기 있는 사람들 덕분에 우리나라를 되찾게 된 거야."

"그래서 일본사람들이 미안하다고 사과하고 다시 친구가 되었어요?"

아이는 다시 친구가 되었는지를 궁금해한다. 어떻게 괴롭혔나, 용감한 사람이 누구냐 물어올 줄 알았는데 말이다. 잠시 생각이 많아진다.

"글쎄. 사과를 했다는데 진심으로 사과한 게 아니라서 진실한 친구는 아니라고 생각하는 사람들이 더 많아."

"가짜로 사과하면 안 되고 진심으로 해야 해요. 그것도 용기에요."

"빵찌"

우리 집안을 통틀어 찾아봐도 없는 별난 녀석이 나타났다. 이제 겨우 부릉부릉 엉덩이를 들고 기어다니는 훈이. 못 가는 데가 없다. 아귀 힘도 제법이라 잡히는 대로 맛보고 서랍을 열어 뒤진다. 나는 위험한 물건을 위로 올리고, 연후는 지키고 싶은 것들을 위로 올리느라 식탁이 우리 밥 먹을 구석만 겨우 비어 있다. 걷고 뛰면 쫓아다니느라 나는 더 바빠지겠구나. 조심성이 많고 위험한 행동도 거의 하지 않는 큰 아이와는 전혀 다르다. 친구가 이런 둘째를 보더니 왠지 샘통이라고 했다. 연후가 크는 동안 한

번도 안 써봤던 잠금 장치를 알아보는 중이다.

연후가 시장놀이를 하고 있다. 과일부터 장난감까지 없는 게 없는 만물상이다. 내가 "싱싱한 딸기 주세요." 하니까 "아니야, 이건 안 돼 엄마. 빨간 자동차 달라고 해." 한다. 손으로 주둥이를 모아서 속닥속닥. 시키는 대로 하지 않으면 내가 피곤해질 것이 뻔하다.

"빨간 자동차 주세요. 얼마예요?"

"빨간 자동차요? 천원인데 공짜예요."

"원래 천원인데 공짜로 주는 거예요? 친절하시네요."

"남자 아기가 좋아할 거 같아서 주는 거예요. 또 오세요."

이렇게 귀여운 시나리오를 준비하고 있었구나.

남자 아기 훈이는 어느새 만물상 상자를 헤집어 놓고 있다. 아기니까 괜찮아요. 공짜로 줄게. 가지고 가. 가라는데 갈 리가 있나 꺼내서 맛을 보고 던지니 누나는 시장놀이가 더 이상 재미가 없어졌다.

"저 녀석 완전 깡패구만."

"응? 뭐라고? 저 녀석 뭐?"

아이가 엄마아빠가 농으로 한 얘기를 들었다. 깡패라고 다시 알려줄 수는 없겠고.

"완전 대장이라고. 엉망진창 대장."

"아닌데 대장 아니었는데. 빵찌인가?"

빵찌. 얼굴은 귀여운데 말썽이 정말 심한 아기. 연후가 정의해준 것처럼 빵찌 훈이는 정말 귀엽고 말썽도 심하다. 첫째 아이와는 완전히 반대의 기질을 가지고 있는 듯하다. 달라서 힘들고 달라서 재미있다.

파괴왕 빵찌가 깨뜨린 우리집 가장 크고 무거운 것이 있다. 그것은 긴장감. 우리집 긴장감을 빵찌가 깨뜨렸다. 큰 아이에게 집중되어 있던 엄마를 각성시켰고, 뾰족한 줄로만 알았던 큰 아이도 둥그러졌다. 엄마와 아이가 편안해지니까 남편도 우리 모두의 사이사이에서 시간을 더 많이 나누게 되었다.

울보 껌딱지 딸아이 때문에 길에서 난감해하는 모습을 본 동네 할머니가 "새댁은 꼭 둘째 낳아야 해. 그래야 좋아져." 했던 말이 이제야 이해가 된다. 그때는 '아니 무슨 악담이신가. 하나로도 이렇게 벅찬데 너무 하시네.' 생각했었는데 말이다. 이제는 내가 그 할머니처럼 지인들에게 둘째 갖기를 응원하고 있다. 비록 잠 잘 시간, 편히 밥 먹을 시간은 부족할지라도 마음은 훨씬 풍요롭고 고요하다. 첫째 아이에게 주던 사랑을 나누어야 할 줄 알았는데, 둘째를 사랑하는 방은 새로이 생기는 것 같다. 빵찌여도 좋다. 빵찌가 우리에게 온 이유가 있다.

"나도 엄마보다 잘하는 게 있죠?"

블록놀이, 소꿉놀이, 미술놀이.

가만히 앉아 사부작사부작 하는 놀이들을 연후는 좋아한다.
그럴 때 조금 뒤에서 몰래 지켜보는 걸 나는 좋아한다. 멀리 가
지는 못한다. 연후가 엄마는 여기 앉으라고 바닥을 탁탁 쳐서 정
해주기 때문이다.

만들고 꾸미고 그리는 것들의 모양이 제법 나온다.

"엄마 이건 기린이야. 어때?"

"정말 멋진 기린이구나!"

"나도 엄마보다 잘하는 게 있죠?"

나무에 자석이 붙어있는 큐브 모양 블록으로 목이 긴 기린을 만들었다. 핑크색 사인펜으로 얼굴부분에 눈도 그려 넣었다. 엄마 눈에는 최고로 멋진 기린이다. 아빠가 올 때까지 식탁 한구석에 전시하기로 했다. 남편이 퇴근하고 돌아와 이어폰과 카드지갑을 올려놓는 자리 옆이다.

연후는 그림을 그릴 때 진지하고 오래 집중한다. 나는 아이가 원하면 언제나 그림을 그릴 수 있게 해주고 있다. 물감도 펼쳐주고, 벽과 옷장 문 그리고 창문은 이미 자유롭게 내어준 지 오래. 그래도 새하얀 종이를 가장 좋아하는 연후다.

아이가 마음에 꾹꾹 눌러 담아둔 것을 표현하도록 돕고 싶다. 우물쭈물 하는 입과 생각이 가득 찬 눈빛을 보면 안타깝고 한편으로는 답답하다. 언어 말고도 마음을 표현할 수 있는 방법이 많다는 것을 알려주고 싶다.

곧 네 돌이 되는 아이가 찾은 것 한 가지가 그림이라면 얼마든지 그려라. 여섯 살이 되면 미술학원을 알아보아야겠다. 다양한 재료를 접할 수 있고, 연후와 많은 이야기를 속닥일 수 있는 선생님이 계신 곳이면 좋겠다.

"엄마 마음이 시원해졌어요?"

외갓집. 말로만 되뇌어봐도 좋다. 기분좋은 시끌벅적함이 있고 끊임없이 음식을 내어주어 배부르다면서도 계속 먹게 되는 곳. 그리고 결정적으로 외갓집에서는 우리 엄마가 편안해 보여서 나도 좋다.

시외갓집에서도 나의 외갓집과 비슷한 냄새가 난다. 신발 위에 신발을 벗어야 할 정도로 북적북적하고 명절 요리도 많은데 배달 음식까지 시켜 젓가락을 똑바로 놓을 자리도 없다. 명절은 역시 이래야 맛이다.

하지만 우리 엄마는 없고 엄마밖에 모르는 아이가 찰싹 붙어 있다. 이럴 땐 엄마 껍딱지 아이가 조금 고맙기도 하다. 함께 이야기하고 있는데 심심하고, 계속 먹고 있는데 배고픈 이상한 어색함을 아이 핑계로 잠시 피할 수 있기 때문이다.

금세 밤이 깊었다. 너무 아쉽지만 아이가 피곤해하니 그만 일어나는 것으로 마무리되었다. 아이가 피곤해했던 것은 정말이다. 친척들이 현관 밖까지 배웅해주었고 점점 멀어지고 있다. 밤바람이 차서 연후를 더욱 꼭 끌어안고 빠르게 걸었다.

"엄마 마음이 시원해졌어요?"

들켰다.

"시원한 우유 주세요.
차가운 거 말고요. 봄바람처럼 시원~한 거."

아침에 일어나서 한 잔, 밤에 자기 전에 한 잔, 낮에 간식으로 한 잔. 하루에 꼭 마시는 우유다. 그나마 새벽녘에 먹던 우유는 얼마 전에야 끊었다. 새벽 수유를 하는 신생아처럼 깨서 시원한 우유를 찾으니 하루 4시간 이어 자는 것이 소원이었다.

또래보다 작고 마른 아이가 우유라도 잘 마시니 감사할 따름이다. 이건 엄마 안 닮았네. 나는 우유를 마시면 배가 아파서 학교 다닐 때 엄마가 간식으로 신청해준 우유를 받으면 분식집에서 컵 떡볶이와 바꾸어 먹곤 했었다. 아직도 나는 우유보다 떡볶이가 좋다.

"엄마는 안경 안 쓰면 진짜 이쁘고
안경 쓰면 잘 생겼어."

"엄마 오늘 깔끔하네? 회사 다녀왔구나."

프리랜서 엄마에게 외부 일정은 오전 10시부터 오후 4시 사이가 좋다. 오늘은 일부러 점심시간에 걸쳐 미팅을 잡아 식사다운 식사를 했다. 나를 위한 밥상 차리기가 왜 그리 싫은지 커피한 잔이 전부인 날이 많아 간혹 있는 업무 미팅이 오히려 활력이되기도 한다.

아침에 통 큰 원피스를 휘뚜루 입을 때 예쁘다고 했었는데, 안경 벗고 깔끔하게 하원 마중가니 진짜 예쁜단다.

47개월

"친구들 초대하게 해줘. 내가 먼저야."

우리 네 식구 복닥이며 살던 하얀 집 떠날 준비를 하고 있다. 연후는 13평이 채 안 되는 작은 빌라를 하얀 집이라고 불렀다. 도대체 어디가 하얀 것인지 알 수 없는 이 집을. 우리는 거실 겸 부엌이 있는 가운데 공간에서 가장 많은 시간을 보냈다. 냉장고 문을 열려면 누군가 비켜줘야 하는 우리의 하얀 집. 결혼해서 두 아이가 태어나 이만큼 자란 아주 고맙고 추억이 가득한 집이다. 작은 시작이었지만 충분했고, 어른들 도움 없이 우리가 할 수 있어서 감사했다.

오늘은 우리가 곧 이사갈 새 집을 보러가는 날이다. 옆 동네 언덕 위에 새 아파트가 지어졌다. 마지막까지 어렵게 고민했지만 아이들이 좋아할 생각을 하며 이 또한 우리가 할 수 있다고 남편과 주먹악수를 했다. 솔직히 우리가 더 좋다.

물은 잘 나오는지, 잘못 시공된 곳은 없는지 꼼꼼하게 살펴보았다. 벽지 조금 찢긴 흔적 정도는 아무렇지 않았다. 어수선하고 먼지가 가득한 공간에서 여기에 침대를 놓자. 아니 머리를 이쪽으로 하자. 책장은 크기가 맞을지 모르겠네. 연후야 이 방은 장난감 방으로 꾸며줄게. 좋지? 엄마아빠만 신이 났다. 연후는 추워서 발을 동동 구르다가 쪼그려 앉아 엄마아빠 가는 쪽으로 눈만 굴리고 있다.

"연후야, 우리 여기로 이사 올 거야. 우리 새 집인데. 안 좋아?"

"좋아. 아니 안 좋아."

"좋은 거야, 안 좋은 거야?"

"새 집이라며 왜 이렇게 엉망이야. 춥기만 하고. 빨리 우리 집에 가자."

우리 집. 그래. 연후의 귀여운 평생이 담긴 하얀 집으로 가자. 군이 길 건너 도서관 마당으로 올라가 새 집을 마주보았다.

"아빠 공부하다가 쉬려고 여기 나와서 손 흔들면 연후 장난감 방에서 보이겠다. 아빠가 부르면 손 흔들어줘. 다시 힘내서 공부하게."

"아빠, 그러면 내가 이렇게 하트도 해줄게."

아빠도 덩달아 머리 위로 하트를 그려서 큰 덩치를 까딱거린다. 아이를 가운데 두고 까딱까딱 가볍게 언덕을 내려왔다.

"엄마, 나 이사 오면 소원이 하나 있어. 꼭 들어주면 좋겠다."

"소원이 뭔데. 엄마가 할 수 있는 거면 꼭 들어주지."

"나 친구들 초대하게 해줘."

"여보, 나도! 친구들 초대할래!"

"엄마, 내가 먼저야!"

엄마가 그 소원 꼭 들어준다. 연후가 먼저야.

"잠이 똥 싸러 갔나봐요. 야, 너 변비냐?

눈 감고 숫자 셌는데도 잠이 안 와요.

잠이 똥 싸러 갔나 봐요.

야, 너 변비냐?

"세상은 하고 싶은 대로 다 할 수는 없어.
그것도 몰라?"

"연후야, 아빠 고민이 있어. 내일 회사에 너무 가기 싫은데 어떡하지? 하루만 쉴까?"

"아니. 회사 가야지."

"왜? 하루 쉬고 연후랑 놀고 싶은데."

"안 돼. 나도 어린이집 가야 해."

"너도 가지 말고 같이 놀자. 어때?"

"안 된다고 했지."

"왜 안 되는 건데?"

"엄마도 회사에 안 가고 싶어도 가지. 나도 어린이집 안 가고 싶어도 가지. 그게 할 일이야. 세상은 하고 싶은 대로 다 할 수는 없어. 그것도 몰라?"

"알지. 아는데 일하는 건 힘들어. 재미도 없고. 하루는 쉬어도 괜찮지 않아?"

"재미가 없어?"

"응. 너무 재미없어. 어떻게 해야 해. 이럴 땐?"

"그러면! 회사 친구를 사귀어 봐. 친구를 사귀면 재밌어지고 그러면 회사 가기도 안 싫을 거야."

"나도 토한 적이 있기 때문에 이해해요."

어린이집 수첩을 읽다가 배시시 웃음이 새어 나왔다.

"엄마 왜 웃었어?"

연후가 쪼르르 달려와 따라 웃는다.

"수첩에 선생님이 써 주신 이야기 듣고 싶어. 오늘 아픈 친구가 있었나봐?"

아침 간식이 두유랑 사과였는데 친구가 두유를 먹고 분수처럼 토를 해서 내 옷도 젖었다는 이야기다. 토한 게 묻은 건 괜찮은데 엄마가 여벌옷으로 이 옷을 넣어놔서 치마랑 안 어울리는 옷이라 빨리 집에 가고 싶었단다.

 나도 토한 적이 있어서 이해한다는 아이의 말에 감동받았다
는 선생님 글 한 번, 안 어울리게 옷을 입고 나풀거리는 아이 모
습 한 번, 번갈아 보면서 자꾸 웃음이 난다.
 넌 언제나 나에게 감동이야.

"생각이 물기처럼 남아 있어."

늦은 저녁 남편의 야식 심부름이 귀찮지 않을 때가 있다. 대충 걸쳐 입은 얇은 가디건에 깊숙이 손을 넣고 걸으며 맡는 밤공기가 어찌나 상쾌한지. 혼자인 게 가장 중요하다.

나만의 귀한 15분인데 연후가 따라나섰다. 오른손으로 아이 손을 잡고 발을 맞추어 걸었다.

"데이트네 우리?"

"좋아? 엄마도 좋아."

생각해보니 동생 없이 둘이서만 동네를 걷는 것도 오랜만이다. 오늘 밤 공기는 달달하다.

"아기 연후는 엄마가 잠깐만 나갔다 온다고 해도 엄청 울었는데. 집 밖에까지 우는 소리가 다 들렸어. 그때는 엄마도 조금 힘들었어. 연후 마음을 잘 모르겠어서."

"몰랐어? 나는 알았는데. 내가 별이었을 때는 엄마랑 아빠랑 이야기하는 게 다 들렸어. 마음으로 다 들었어. 그래서 내가 온 거야."

"진짜야? 엄마 너무 감동인데."

"진짜 들었다니까. 기억나. 생각이 물기처럼 남아 있어."

이 아이는 정말 나에게 상으로 온 것 같다. 너무 큰 상이라 처음엔 부담스럽고 책임감이 무거웠는데 차차 기쁘고 감사하게 생각하니 계속 보고 어루만지며 내 몫을 다하자고 마음을 잡게 된다.

예전에 우리 엄마는 아이들이 너로 인해 태어나는 것이 아니라 어느 먼 곳에서부터 너를 엄마로 정하고 찾아오는 거라고 했었다. 네가 아이를 선택하는 게 아니고 아이가 너를 선택하는 것이라고. 그러므로 엄마는 부족한 나에게 온 것을 고맙게 여기고 사랑만 주어라, 모든 선택과 결정은 아이 것이라고 하셨다. 그때는 내가 결혼을 하기 전이라 네 선택을 존중할 테니 어서 결혼이나 하라는 고품격 잔소리인줄만 알았다.

아이가 별이었다가 엄마에게 찾아왔다는 건 우리 부부가 지어낸 이야기였는데 아이가 맞장구를 치니 진짜 같다. 진짜라고 믿어진다. 반짝반짝 빛나거라.

50개월

"눈물이 바다가 돼서
파도처럼 마음이 부서질 것 같았어요."

연후가 잠이 들어야 일에 집중할 수 있다. 주육야업이랄까.

아이가 잠들 때까지 기다리지 못하고 급히 해야 할 일이 있었다. 아빠랑 같이 자기로 해놓고 방 안에서는 까르르 까르르 난리가 났다. 둘이 침대에서 자주 하는 놀이, '데굴데굴 비끼라'를 몇 번째 하는지 모르겠다. 나는 식탁에 노트북을 켜고 앉아 저러다 훈이 깨겠네, 싶다. 그러고도 한참을 더 뒹굴다가 남편이 이제 그만 자자고 톤을 바꿔 말했다.

"엄마… 아빠가 갑자기 무섭게 말해서 눈물이 날 뻔했어요."

165

아이가 부엌으로 쪼르르 나와 울먹거린다. 나는 다 듣고 있었으면서.

"왜? 무슨 일이야?"

"으응. 자자고 그런 건데. 자야 할 시간인 거 아는데. 그런데 그래도 아빠가 갑자기 무섭게 말했어. 눈물이 바다가 돼서 파도처럼 마음이 부서질 것 같았어요."

"그랬구나. 마음이 부서질 것 같았구나. 그런데 아빠가 무섭게 한 건 아니라고, 놀랐다면 미안하다고 사과하는 거 엄마는 들었

는데?"

"응. 사과는 했고 나도 이해한다고 했는데. 그래도 잊을 수가 없어요."

그랬구나. 그랬구나. 말고는 다른 할 말도 없고 모르겠다. 눈물이 파도가 되어 부서질 것 같은 마음이었다는데, "시끄러워 그만 들어가자" 할 수도 없고 말이다.

그랬구나. 그랬구나.

"나는 청소 심판할래."

"애들아, 청소하자. 훈이는 이거 담어. 연후는 뭐 할래?"

"나는 청소 심판할래."

"청소에 심판이 어디 있냐."

"코딱지 내 꺼만 좋아해."

"내 코딱지 먹을래?"

"으읍, 싫어."

"왜에. 너 코딱지 먹는 거 좋아하잖아."

"코딱지 내 꺼만 좋아해."

남편은 여덟 살이 분명하다.

169

"이제부터 모모 마음에
사랑의 씨앗을 심을 거예요."

오늘은 하원 인터폰을 하지 않고 3층 교실로 올라갔다. 동생 없이 혼자 온 날 교실로 바로 올라가면 아이가 깜짝 놀라 기뻐하고, 으쓱하는 표정을 볼 수 있다. 그리고 선생님에게도 오늘 아이가 지낸 이야기를 직접 들을 수 있다. 마침 잘 올라오셨다고 선생님이 아이보다 먼저 반겨 주셨다.

연후 덕분에 오늘 하루 울고 웃었다는 이야기. 울었다는 이야기를 웃으며 하시는 것을 보니 걱정할 일은 아닌가 보다.

아이의 반에 마음이 세모난 아이가 있다.

"엄마 오늘 내가 이 치마를 입고 갔잖아. 내 옆에 모모가 있었
거든. 사실 조금 쑥쓰러웠지만 용기를 내서, 모모야, 나 노랑색
잘 어울리지? 했다? 그랬더니, 야, 너 똥색 잘 어울린다. 그러는
거야! 모모는 눈도 세모고 마음도 세모인가 봐."

친구에게 서운했거나, 나쁜 말을 들었거나, 밀쳐졌다는 등 속
상한 일이 있었다고 하면 거의 모모다. 특히 남자 아이들끼리는
더 짓궂은 모양인데 모모가 친구한테 이랬어 저랬어 흥분하면
남편은 일부러 더 과장해서 화가 난 것처럼 군다.

"뭐야? 그래서 우리 연후가 속상했어? 내 이 녀석을 당장 가서
혼내줄까!"

"아니야. 그럴 필요 없어. 이미 선생님한테 혼났고, 친구들끼
리도 화해했어. 그냥 그랬다는 얘기야. 아빠가 자꾸 그러면 나
친구들 얘기 안 해준다."

모모 이야기를 자주 듣지만 아이들 나름대로 모모와 잘 어울
리고, 그 가운데 선생님이 많이 신경쓰시는 것 같아 크게 걱정은
없다. 그리고 얼마 전부터 모모가 놀이치료를 시작했다는 이야

기를 듣고 모모 엄마 마음이 헤아려져 아이의 이야기에 더욱 동요하지 않는다.

선생님의 걱정은 따로 있었다. 아이들이 모모를 너무 쉽게 괴롭힌 아이로 지목한다는 것. 선생님이 보지 못한 곳에서 누군가 울고 있길래 무슨 일 있었는지 물어보면, "모모가 그랬겠죠, 뭐" 해버린다는 거다.

오늘은 더 이상 그냥 두면 안 될 것 같아 아이들을 불러 앉혀 모모의 놀이치료 이야기를 하셨다고 한다. 친구들이 알지 않는 것이 모모 자존감을 위해서도 좋을 것 같아 모르게 해왔는데 이렇게 친구들이 오해를 하면 또 다른 상처가 될 수 있기 때문이다. "얘들아, 보지 않은 것을 본 것처럼 이야기하는 것도 거짓말이야. '아마 그럴 껄요?' 하고 본 것도 아닌데 진짜처럼 이야기하면 솔직하지 않은 거잖아. 앞으로는 모를 땐 모른다고 솔직하게 말해줄 수 있지? 그리고 모모가 너희를 싫어해서 괴롭히는 게 아니야. 마음이 아파서 그래. 그래서 마음병원에 다니고 있대. 병원에서 선생님 말씀 잘 들으면서 치료도 잘 받고 있대. 모모가 건강한 마음이 될 때까지 우리가 조금 기다려주자."

준비없이 전하게 된 친구의 아픈 이야기라 선생님도 조심스러웠다고 한다. 아이들이 어떻게 받아들일지 몰라 걱정도 되었지만 잘 이해해주리라 믿었다고. 긴장된 마음으로 친구들의 반응을 살피는데 갑자기 울음이 빵 터진 아이가 있었다. 연후가 꺽꺽 소리가 나도록 서러운 눈물을 펑펑 흘리고 있던 것이다.

"연후야 왜 울어? 왜 눈물이 나는지 이야기해 줄 수 있겠어?"

"선생님, 저는요. 모모가 우리를 미워해서 괴롭히는 줄 알았어요. 마음이 아파서 그랬는지는 몰랐어요. 그래서 저도 모모를 미워했어요. 몰라서 미안해요. 이제부터는 모모 마음에 사랑의 씨앗을 심을 거예요. 엉엉."

연후의 눈물에 감수성이 예민한 몇몇 여자 아이들이 따라 울었고 금세 울음바다가 되었다. 모모도 울고 있었다. 그리고 친구들에게 할 말이 있다며 선생님 옆자리로 나와 섰다.

"친구들아, 내가 너희를 미워하는 건 아니야. 그동안 괴롭혀서 미안해. 앞으로 사이좋게 지내자. 흑흑!"

이 얼마나 훈훈한 모습인가. 어디 드라마에서나 본 것 같은 장면이다.

　연후가 아픈 친구를 이해하는 아이로 자라서 고맙고, 용기내어 사과해준 모모도 기특하고, 아이들 눈높이에서 깨우침을 준 선생님께도 감사했다. 내 새끼 이야기에 나도 뭉클한 기분이 들었다.

　왜 우는지 물었을 때 몰라요. 그냥 눈물이 나요. 했을 줄 알았다. 마음이 어떤지 얘기하는 것도 엄마한테나 조잘조잘 하는 줄로만 알았다. 사실 나는 연후가 자기 마음을 설명했다는 그것이 제일 감동이었다.

　하지만 역시 아이는 아이인 것. 점심시간까지도 진정이 잘 안 되어 밥 먹기도 힘들어하던 연후였는데 오후엔 안정을 찾고 뽀르르 참견하느라 바빴다고 하더라.

　"선생님, 모모가 제가 먼저 하던 놀잇감을 뺏었어요. 그런데요 제가 이해했어요. 잘했죠?"

　"선생님 모모가 친구를 밀었어요. 제가 봤어요. 하지만 모른 척했어요. 저 칭찬 스티커 좀 붙여주세요."

오늘 하루 선생님을 울리고 웃겼던 이야기는 밤늦도록 우리 부부의 이야기가 되었다. 남편은 나보다 더 아이에게 감동하고 있다. 누가 들으면 참 별일도 아닌데 우리 부부에겐 생각이 많아지는 사건이다. 엄마를 지치게 했던 예민함은 감성이 풍부하고 섬세해지는 과정이었고, 입도 뻥긋 안 하고 눈만 굴리던 것은 그 상황과 사람들을 깊이 관찰하고 받아들이는 시간이었다는 것을 알았다.

남편과 나는 아이를 빗대어 퍼스트 펭귄에 대해 이야기했다. 먼저 용기를 내어 가장 먼저 바다에 뛰어드는 첫 번째 펭귄. 남편은 아이가 주위에 좋은 영향을 주는 퍼스트 펭귄이 되면 좋겠다 한다. 늘 연후가 무리 속에서 몸과 마음을 숨기고 엄마에게만 속닥거리는 걸 걱정해왔기에 오늘 일은 특별히 반갑다. 연후는 감정 표현이 천재적이야. 타인에 공감하고 자기감정을 잘 표현하는 것이 미래 리더의 덕목이래. 딱이네. 우리는 진지하다. 우리끼리니까 마음 닿는 대로 상상하며 아이 이야기를 한참 더 나누었다.

그리고 연후의 그 용기와 표현력을 잘 길러준 당신이 장하고 고맙다고 남편이 내게 주먹 악수를 청했다. 주먹끼리 콩 부딪히고 악수를 한 다음 팔씨름하듯이 손방향을 바꾸어 맞잡고 함께 힘을 꾹 준다. 마지막으로 손바닥을 스쳐 손가락 끝을 살짝 퉁기면 무언가 마음이 사르르 한다. 애정과 신뢰가 담긴 우리만의 악수. 연후가 내 아이여서 어깨가 묵직하고 또 으쓱한다.

"엄마를 닮았구나."
"좋은 거예요?"

연후가 자라면서 내 말투와 표정을 닮아가더니 얼굴도 변했다. 요즘 엄마 닮았다는 이야기를 종종 듣고 있다. 아빠 미니미로 태어난 아이였는데.

너 닮은 딸 낳아 키워 보라더니 우리 엄마 말마따나 나 닮은 아이를 낳았다.

말하기 전에 상대방이 어떻게 생각할지가 먼저 생각되어 입이 잘 안 떨어지는 것. 그렇지만 꼭 하고 싶은 말은 못 참아서 일기를 쓰든 엄마한테 말하든 뱉어내고 만다는 것. 모르는 것은 절대로 말하지 않고 아는 것은 엄청 아는 척하는 것. 먹는 것에 흥미가 없어서 먹는 양도 적고 식사시간이 오래 걸리는 것. 맛있는 것은 아껴두고 싫어하는 것 먼저 먹는 것. 그러다가 오빠에게(연후는 동생에게) 뺏기는 것.

나를 닮은 아이라서 더 조바심이 난다. 생각에 생각의 탑을 쌓느라 하고 싶은 말을 참고, 하고 싶은 것을 미뤄두는 것이 얼마나 스스로를 힘들게 하는지 잘 알기 때문이다. 어릴 때는 크게 힘든 줄 몰랐고, 힘이 든다는 것을 알았을 때는 몸이 저절로 움직여 마음을 바꾸기가 어려웠다. 이만큼 내려놓기까지 내 마음 다루는 연습을 얼마나 오래, 얼마나 열심히 해왔는지.

우리 연후 눈, 코, 입은 아빠를 닮았으면서 파도치는 엄마 마음을 닮았구나. 때로는 고요하게 마음을 담고 때로는 파도처럼 타고 넘으면서 유연하게 생각하는 아이가 되길 바란다. 자기 마음을 잘 알고, 표현해서 풀어내는 법, 내 마음 다루는 법을 늦지 않게 깨달았으면 좋겠다.

엄마는 오늘도 작은 일에 속을 끓여서, 아빠가 맨날 엄마한테 성격 바꾸라고 한단다.

"목화꽃처럼 따뜻하고
별처럼 빛나는 느낌이 들어."

"행복해."

"엄마도 행복해. 연후가 생각하는 행복은 뭐야?"

"목화꽃처럼 따뜻하고 별처럼 빛나는 느낌이 들어."

"엄마 아까 티라노 같았어."

　훈이가 스스로 하고 싶은 게 많아졌다. 특히나 먹는 것은 자신 있는지 누나처럼 숟가락을 들고 떠먹는 흉내를 낸다. 옳지 옳지 잘한다, 응원해주지만 사실 진짜 입에 들어가는 건 밥알 몇 개뿐이다. 입만 사정없이 크게 벌리고 숟가락이 아니라 머리가 가까이 가는데 그나마도 오는 사이에 다 흘리고 없다. 빈 수저를 빨기 전에 소고기 무국에 말은 밥 한 숟가락을 슬쩍 넣어주었다. 흡족해한다. 또 그 타이밍에 맞추려고 한 수저를 준비해 두었다가 입에 쏙 넣어주면 너도 나도 배부른 쾌감이 있다. 그렇게 찹

참 잘 받아먹더니 눈치를 챈 모양이다. 수저를 든 엄마 손을 밀어내고 고개를 절레절레. 말은 못해도 으으음 하는데 억양이 딱 하지마!다.

나는 알아들었으면서 "으응, 그래, 혼자 먹어" 해놓고 잽싸게 또 한 수저를 훈이 입에 넣었다. 훈이는 엉겁결에 아 하고 받아 물긴 했는데 숟가락으로 밥상을 탕탕 치더니 밥그릇을 냅다 던져버렸다. 하필 멀리도 날아가 그릇이 벽에 튕겨져 국과 밥이 사방에 흩어졌다. 순간 나도 악 소리가 저절로 났고 겨우 손바닥만 한 아이 등짝을 팡 쳤다.

"이 녀석! 누가 밥그릇을 던져! 엄마가 정성스럽게 해준 밥을!"

뒤엣 말은 사실 연후 들으라고 한 소리다. 꼬맹이를 무시무시하게 울려 놓고 번뜩 정신이 들었는데 큰 아이가 보고 있었다는 게 민망했던 거다. 밥 폭탄이 터진 파편을 치우는 척하면서 잠시 내 감정을 지우고 진정할 시간을 벌었다. 작은 아이는 삼키지 못한 밥알을 죄 흘리며 세상 억울하게 울고 있다. 아이 옷에 떨어진 밥알들을 대충 털고 번쩍 안아 올려 사과했다. 금세 평화가 왔다. 가만히 다 지켜본 연후가 "그런데에~" 하고 말을 건다. 나는 이 아이가 그런데, 라고 말을 시작하면 무섭더라.

"그런데 엄마 아까 뭐 같았게? 사자? 호랑이? 악어?"

"그 중에서 골라야 해? 엄마가 그런 느낌이었나 보구나. 연후가 보기에는 뭐 같았어? 엄마는 엄마 모습을 못 보잖아."

"공룡! 엄마도 생각해봐. 스스로 어땠나."

"공룡 정도는 아니지 않아? 사자 정도는 되었던 것 같아."

"아니야. 완전 아니야. 공룡이야. 공룡 중에서도 티라노 같았어."

"나는 작으니까 괜찮아."

아빠와 연후가 슈퍼 나들이를 하고 돌아왔다. 아이는 엄마가
잘 사주지 않는 장난감 딸린 초콜릿을 상처럼 높이 들고 들어온
다. 훈이에게 뺏기지 않고 자랑도 하는 최고의 방법이다.

한여름처럼 뜨거운 주말이었다. 온 가족이 게으름을 피우다
늦은 점심을 먹기로 하고 연후가 아빠를 따라 장을 보러 나갔다.
그늘로 가자고 아이를 이끌었는데 그림자가 짧은 시간이라 아
빠는 머리부터 몸이 이만큼 그늘 밖에 있었다고 한다.

"아빠 나랑 자리 바꾸자. 나는 키가 작으니까 괜찮아."

연후가 바깥 쪽, 아빠가 안쪽으로 자리를 바꾸자 이제서야 키가 큰 아빠도 그늘 안으로 들어왔다. 크게 감동받은 아빠가 과자는 하나만 고르기 규칙을 깨고 초콜릿 상을 선물한 것이다.

우리 부부는 아이들 이야기를 할 때 되도록 아이들이 자거나 듣지 않을 때 나누곤 하는데 오늘 남편은 참지 못하고 신발을 벗고 들어서면서 딸 이야기를 한다.

"여보, 아까 연후가 아빠도 그림자로 들어올 수 있게 자리를 바꿔주었어요! 배려를 해줘서 너무 고마웠어요."

남편은 자랑을 담아 칭찬을 하고, 아이는 이에 맞추어 초코 상을 높이 흔들며 들어오는, 참 귀여운 아빠와 딸이다.

"번개 봤어? 나는 완전 봤어.
내가 지금 그려줄게."

아빠와 아이가 창가에 이불을 뒤집어쓰고 앉아 있다. 하늘이
제일 잘 보이는 끝 방에서 엄마도 빨리 오라고 소리친다. 이런
난리가 없다.

"엄마는 잠깐만. 훈이가 무서운가봐."

밖에서는 초여름 비가 무섭게 내리고 있다. 번개가 번쩍 천둥
이 우르릉 칠 때마다 끝 방에서는 끼약 하고 비명을 질렀다가 깔
깔깔 웃었다가 한다. 나도 궁금해서 가보고 싶은데 훈이가 무무
하며 못 가게 막아서서 안아 안아 팔을 벌려 발을 동동 구른다.

무섭구나. 꼬옥 안아주니 우리도 가보자고 몸을 까딱거려서 방에 들어서면 다시 나가자고 반대로 몸을 흔들며 낑낑댄다. 아이고 내 강아지. 누나가 소리 지르면 저는 보는 것도 없이 덩달아 깍깍한다.

천둥번개 구경하느라 누나는 잘 생각이 조금도 없어 보인다.

"엄마! 봤어? 봤어? 천둥 치는 거?"

"아니. 엄마는 제대로 못봤어."

"그럼 내가 그림으로 그려줄까? 나는 제대로 완전 봤거든."

"완전 봤어? 아쉽다. 그림은 내일 그려줘."

"아니야. 괜찮아. 지금 그려줄게."

엄마가 안 괜찮아서 그러는 건데 봤다고 할 것을 그랬나. 지금 밤 11시에 물감도 필요하단다. 어차피 이렇게 된 거 빨리 끝내고 재우기 위해 적극 돕는 보조가 되기로 한다. 스케치북은 앞뒤 아무 그림도 없는 새하얀 페이지를 찾아주고 연필, 지우개, 하얀색 크레파스와 물감, 팔레트, 붓, 물통. 처음에는 검은색 물감만 짜 달라더니 파란색과 빨간색 추가 주문이 들어왔다.

남편은 자기 운동할 자리를 만드느라 거실을 적당히 치우고 있고, 훈이는 아니 아직 다 안 놀았다고 줄 세워둔 자동차를 짧은 팔로 끌어안아 지켜내었다.

나는 어디에서 무얼 하며 있어야 할지 잠시 방황했다. 연후가 그림 그리는 걸 보고 싶지만 혼자 집중하게 두는 것이 좋을 것 같고, 설거지를 하자니 그 자리는 뒤를 돌아도 아이가 보이지 않아서 싫다. 걷어만 두고 개지 않은 빨래들을 손이 알아서 저절로 개고 있다. 흘끗 테이블을 올려다보니 하얀 크레파스로 그린 밑그림 위에 검은 물감이 거침없이 칠해지고 있다.

"자, 엄마 다 그렸어. 봐봐."

연후가 손을 탁탁 털고 벌떡 일어났다.

약간 굽은 언덕의 도로와 4층짜리 도서관 건물. 비에 흠뻑 젖은 하늘과 땅 그리고 번지는 자동차 헤드라이트 불빛. 딱 끝방 창문 밖의 모습이다. 그 위로 손가락 같은 번개가 떨어진다. 기막힌 작품이다. 잠깐 동안 그림도구 세팅해주기를 귀찮게 생각했던 나를 뜨끔하게 하는 멋진 그림이 되었다.

"실패해도 괜찮아. 엄마에겐 내가 축복이잖아."

우리 엄마와 남편이 저녁내기 볼링 중이다. 엄마는 구력이 길어 노련하게 잘 치시고 남편은 어설퍼도 힘이 좋아 잘 넘어간다. 나는 아이들과 아무나 이겨라 이기는 편 우리 편 응원하는 재미가 있다. 둘째는 처음 와 본 볼링장이 신기한 곳이라 낮잠을 놓친 것도 잊고 여기저기 참견하느라 바쁘다. 어른들은 커피, 연후는 당근주스. 자판기에서 음료수를 꺼내어 나누어주는 누나를 보고 나도 나도 한다. 어쩌나 아기는 먹을 수 있는 게 없네.

게임은 한참 재미있어지는데 둘째가 속이 허전하고 졸려서

189

칭얼대기 시작했다. 엄마가 훈이 간식거리를 사오시겠다고 볼링화를 벗었다.

"아니야, 엄마. 게임해. 내가 사올게."

"금방 갔다올게. 내 차례 되면 네가 쳐."

여기는 시골이라 슈퍼가 보이지도 않는데 금방이긴. 엄마 차례가 더 금방 돌아왔다. 나는 괜히 한 번 문 쪽을 목 빠져라 내다보고 엄마 볼링화로 바꿔 신었다. 시끄러운 볼링장이라 목소리를 높였다.

"연후야, 엄마 떨려. 잘 못치면 어떡하지. 할머니가 이기고 있단 말이야. 엄마가 망칠 것 같아."

"엄마, 실패해도 괜찮아. 엄마에겐 내가 이미 축복이잖아."

실패는 아니었어도 절반은 망쳐 놓았다. 그렇지만 어차피 승패가 없는 게임이라 괜찮고, 엉망이어도 안아주는 아이가 나에게 이미 축복이라 웃었다.

나중에 아이가 수학시험 보는 날 아침에 긴장하고 걱정하면, 망쳐도 괜찮아 엄마에겐 네가 이미 축복이라고 말해주어야지.

그 때의 연후라면 이 엄마가 왜 이러나 할지도 모르겠다. 자기가 말 한마디로 감동을 주던 아이였다는 걸 까맣게 잊고.

"엄마, 나는 맛있으면 다 먹어."

엄마 자격증이 있다면 나는 분명 낙제일 것이다. 밥을 맛있게 차려주기를 하나, 깨끗이 씻기는 일도 건너뛰는 날이 많고, 옷이나 장난감도 잘 사주지 않으니 말이다. 그런데도 이만큼 건강하고 밝게 자라주어 고마울 따름이다. 그래서 나는 계속 게을러지고 이만큼의 노력이면 충분하다는 핑계가 선다.

연후는 생야채도 잘 먹는 아이지만 식사량이 적다. 우리 엄마가 너보다 백 번 낫다고 해서 끽 소리 안 하고 요리책도 샀다. 내가 연후만 할 때 징그럽게도 밥을 안 먹는 아이로 유명했다는 이야기는 정말 징그럽게도 많이 들었다. 그에 비하면 우리 연후는 양반이라는 거다.

나는 아이가 자기 양껏 먹고 수저를 탁 내려놓으면 더 이상 먹어라 하지 않는다. 너무 안 먹었으면 한두 숟가락 떠서 입에 넣어 주지만 그마저도 싫다 하면 나도 끝이다. 밥으로 싸우기 싫고, 밥 먹어라 권하는 게 얼마나 듣기 싫은지 나는 너무 잘 알고 있으니까. 배고프면 뭐든 찾겠지. 고구마를 삶아 잘 보이는 곳에 두어야겠다. 그나마 여태 초콜릿이나 막대 사탕 같은 달콤한 간식은 한 개를 다 못 먹는 아이라서 다행이다.

나는 항상 아이가 평소 먹는 양보다 조금 더 퍼서 준다. 그러면 어쩜 딱 그만큼을 남기는 아이. 오늘은 웬일인지 반찬에도 골고루 손이 가고 퍼준 만큼을 다 먹고 있다.

"오, 연후. 어쩐 일이야. 엄마가 준 만큼을 다 먹고!"

"엄마, 나는 맛있으면 다 먹어."

그런 거였구나. 맛있어서 다 먹는 거구나. 아이는 웃고 있는데 나는 차갑게 혼난 기분이다.

56개월

"사과해도 소용없어.
이미 마음이 딱딱하게 굳어버렸어."

　남편은 내가 연후의 섬세한 말들을 전해주면 남의 아이 이야기 듣듯 한다. 아이들이 다 그렇지 뭐, 라거나 그렇게 바른 말만 하면 친구들이 싫어할 거라며 새로운 걱정을 안긴다. 그렇지만 그만의 시선으로 늘 연후를 남다르게 지켜보고 있다는 것을 나는 알고 있다.

　연후와 직접 대화를 나누다가 남편이 흠칫 놀랄 때 그 표정이 아주 익살스럽다.

"애들아, 엄청 빨리 달린다. 부우우우웅~."

"안돼! 위험해. 천천히 가. 아빠."

"알았어. 이렇게에에 천천히이이 느릿느릿 갈게."

"아니아니. 미지근하게. 미지근하게 가. 느낌 알겠지?"

"훈이가 자꾸 누나를 괴롭히니까 내일 할머니네 가서 두고 와야겠다."

"흑흑. 아니야! 안 돼. 그러지마. 안 된다고 했잖아!"

"왜. 아빠는 연후가 속상한 거 싫어. 소중한 딸이란 말이야."

"그럼 훈이는 안 소중해? 엄마는 안 소중해? 훈이가 없으면 엄마도 슬플 텐데? 가족이 무슨 그래. 그게 무슨 어른이야. 다 싫어. 엉엉."

"엄마, 아빠는 장난이 너무 심해. 흑흑."

"네가 아빠랑 얘기해봐. 같이 장난하다가 울어버리면 어떡해."

"너무 놀랐단 말이야. 엄마 이거 비밀인데, 모르는 어른인 것 같았어. 갑자기."

"연후야. 아빠가 미안해. 진심이야."

"사과해도 소용없어. 이미 마음이 딱딱하게 굳어버렸어."

56개월

"패션모델이 될 거야."

패션모델. 말하자면 직업다운 꿈을 이야기한 것이 처음이다.

공주가 되고 싶다느니, 나비 날개가 생겨 하늘을 날고 싶다고 한

적은 있어도 말이다.

"패션모델! 멋지구나. 그래. 연후는 잘할 수 있을 거야."

"그렇지? 엄마, 나는 잘하겠지? 나는 잘 참으니까 진짜 잘할

걸?"

잘 참으니까? 예쁜 옷을 많이 입을 수 있어서 모델이 되고 싶

어 하겠지, 까지만 생각했다. 그 정도 생각하니 그저 귀여워서

입꼬리가 올라갔다. 잘 참는다는 말에서 웃음기가 사라진다.

"패션모델은 잘 참아야 해?"

"응. 입고 싶은 옷만 입을 수는 없어. 나는 찰싹 달라 붙는 건 괜찮지만 아무튼 바지는 별로 안 좋아해도 입어야 해. 사람들에게 옷이 멋지게 어울리는 모습을 보여주려면 내가 싫어하는 것도 참고 입어야 하니까."

"그렇구나. 하고 싶은 걸 하려면 안 좋아하는 것도 조금은 참고 그래야 하는 거구나."

모델이 되려면 싫은 옷도 참고 입어야 한다고 생각한 것보다 사실은 자기가 잘 참는 아이라는 생각을 했다는 것이 더 놀라웠다. 자기 자신에 대한 생각도 깊이 하는 모양이다. 기특하기도 하고 아직은 몰라도 되지 않나 찐한 마음이 든다.

키만 무럭무럭 크는 줄 알았더니 생각이 너무 빨리 쑥쑥 자라고 있다. 우리 연후에게 나비 날개가 생겨 곧 날아갈 것 같다. 조금만 천천히 크면 좋겠다.

5개월

"나는 엄마를 닮아서 예쁘지."

이부자리에서 아빠와 아이가 알콩달콩 깨를 볶는다. 아이보다 아빠가 더 좋아하는 시간이다. 아기 연후는 아빠가 애정을 표현하면 사춘기 소녀처럼 밀어내어서 아빠를 서운하게 했었다. 동생이 아빠와 부비부비 정을 쌓는 것을 보고 연후도 마음을 열기 시작했다. 이제 말로는 종종 아빠를 쓰러뜨리기도 한다.

"우리 딸, 누굴 닮아서 이렇게 예쁠까."

"나 엄마를 닮아서 예쁘지. 얼굴을 닮아서 예쁘고, 뇌를 닮아서 똑똑해."

"아빠는? 아빠 어디를 닮았어?"

"(고민 고민) 뼈. 뼈를 닮았어."

의문의 패배자 남편은 웃다가 쓰러졌다. 나도 아이가 고심 끝에 고른 답이 뼈라는 게 너무 웃긴데 웃는 게 들킬까 봐 참느라 배만 아프다. 훈이는 영문도 모르고 아빠 옆에 발랑 누워서 웃는지 비명인지 끼악 소리를 낸다.

"웃는 거야 지금? 왜 웃는 거야? 치."

"너무 좋아서. 너무 좋아서 웃었어. 맞아. 연후는 아빠 뼈를 닮아서 키도 크고 튼튼하게 자랄 거야."

남편은 얼른 웃음을 누르고 자기를 닮은 아이의 팔 뼈와 다리 뼈를 주물주물 주무르면서 말했다. 주무르다가 간지럼 바다에 사는 간지럼 괴물이 되어 아이들을 모두 잡아갔다. 오늘도 일찍 자긴 바다 건너갔구나.

틀린 말은 아닌데 곱씹을수록 우습다. 자려고 누워도 생각이 나서 실실 웃음이 새어 나온다.

"변호사는 야근해야 해?"

우리집에는 꼬마 변호사가 산다. 꼬마 변호사가 변호하는 사람은 꼬꼬마 훈이. 19개월이 된 훈이는 조금씩 말문이 트여 눈나(누나), 이거, 빨리, 시여(싫어) 몇 개 안 되는 단어로 의사소통을 다 한다. 아이가 말을 배우는 과정을 처음 보는 것도 아닌데 작은 아이는 새삼 기특하고 새롭다. 둘째라고 누나가 입던 분홍 내복을 입혀 키웠고 개월수에 맞는 놀잇감은 꺼내 주지도 못했다. 우리 빵찌가 언제 이렇게 사람이 되었나.

훈이가 짧은 말로 애써 표현을 해도 들어주지 않으면 울음이 무기다. 악을 쓰고 발을 구르고 금세 눈물이 뚝뚝 떨어진다.

"연후야, 울면서 말하면 들어줘? 안 들어줘?"

"안 들어줘."

"그렇지? 훈아, 엄마는 훈이가 울면서 말하면 무슨 말인지 하나도 모르겠어. 다 울고 천천히 얘기해. 알았지?"

연후가 어릴 때부터 많이 하던 말이다. 한번 화가 나면 원하던 걸 들어줘도 소용없고, 긴긴 기싸움을 해야 하는 아이였기에 나는 평정심을 가지려고 노력했었다. 무얼 원하는지 말도 하지 않고 섭섭한 눈에 눈물을 가득 담아 소리만 질러댔다. 이럴 때는 '내 아이가 아니다. 이유가 있겠지.' 생각하며 기다리는 것이 상책이다. 담담한 척하면서 아이가 잠시 숨을 고르는 틈에 "실컷 다 울고 와서 이야기해. 기다릴게." 하면 그게 또 억울해서 더 크게 울었다. 그러다 엄마가 조금씩 가까이 와 앉아 있는 걸 흘끗 보다가 와락 안겨 팔꿈치를 조물조물 하던 아이가 이제 자기 동생 변호를 한다.

"그런데 엄마, 훈이 까까 더 달라고 하는 거야."

"아, 까까 더 달라고? 그러면, '엄마, 까까. 더. 주세요.' 하면 되는 거야. 훈아."

"우와, 그런데 연후야! 너는 그걸 어떻게 알았어? 엄마는 울음소리 때문에 하나도 모르겠던데."

"내가 변호사니까, 앞으로 모를 땐 나한테 물어봐."

모르는 척했더니 진짜 모르는 줄 알고 귀엽게 군다.

부산 집에 다녀오는 길. 노래를 부르고 끝말잇기도 하고 휴게소에 들러 밥도 먹었지만 아직도 갈 길이 멀다. 해는 지고 달달한 간식마저 떨어져 아이들은 짜증을 내기 시작했다. 좁은 차 안에서 울고 보채면 영혼이 빠져나가는 느낌이다. 나도 지쳐 넋을 놓고 있으니 남편이 수습을 시도한다.

"연후야, 훈이가 뭐래? 왜 우는 거야?"

"몰라! 내가 어떻게 알아!"

"네가 변호사라며, 모르면 물어보라고 해놓고 왜 화내냐."

"몰라! 몰라! 나도 모른다고!"

"한번 물어봐주라. 시끄러워서 운전에 집중을 못하겠어."

"싫어! 나도 몰라. 궁금하면 아빠가 물어봐."

"치, 무슨 변호사가 그러냐."

"뭐라고? 그러면! 변호사는 야근해야 한다는 거야 뭐야!!"

남편과 나는 무방비로 웃음이 터져버렸다. 연후는 자기 말에 웃는 것이 화가 나서 울었고, 훈이는 아무도 자기 마음을 몰라줘서 계속 울었다. 어른들은 웃고, 아이들은 울며 정신없이 서울에 닿았다.

가족회의 결과, 변호사에게 야근은 시키지 않기로 했다.

〈산 속 오두막 집〉

깊피 깊피 산 속 마을에 오두막이 있었서요.

한 개라서 쓸쓸해 보였어요.

하지만 아니에요.

친구가 있었서요.

오두막은 오늘도 무척 기분이 좋았어요.

오두막에 친구는 오두막 위를 좋아했어요.

사랑해.

끝.

엄마가 매일 늦게 자니까 자기 전에 읽으면 기분 좋아지는 동화를 써주겠다고 한다. 기특한 내 아가. 훈이가 방해하지 못하도록 지켜주세요. 당부하고 자기도 불편할 식탁 하이체어에 앉아 동화를 쓴다. 오늘이 세 편째인데 이것이 연후의 첫 번째 동화. 이 동화를 읽으니까 잠이 오히려 달아난다. 이야기가 궁금해지려는 찰나에 끝이 나 버렸네.

"그 기쁨이 힘이 되어서 청소하는 거구나."

연후가 두 돌 무렵 호기심이 왕성하고 엄마는 모성애로 버티던 체력이 바닥날 때 즈음, 재우는 일이 정말 힘들었다. 이제는 마냥 안아준다고 잠드는 것도 아니라서 도깨비도 팔아보고 끝내 혼내서 울다가 잠드는 날이 많아졌다. 그렇게 재우고 나면 어찌나 미안한지 자는 아이 얼굴 쓰다듬으며 반성하는 게 무슨 의미인가.

기분 좋게 자고 기분 좋게 일어나게 하자. 자는 걸로 울리지 말자. 늦어지면 어쩔 수 있나 우리가 조금 더 일찍 잘 준비하는 모습을 보여주자. 남편과 작전을 짠 지 3년이 되어간다.

9시부터 잠자리 예고를 해도 "하나만요" "이것만요" 하다가 침대에 눕는 데까지 한 시간은 우습게 걸린다. 물을 쏟은 김에 빨대로 불어 물 그림을 그리고, 같이 닦는 것이 또 놀이가 되고, 마지막으로 본 책이나 장난감만 정리를 한다. 드디어 자리에 누워 양쪽 팔을 내어주면 잠자리에서 유난히 사이가 좋아지는 남매가 엄마 배를 넘나들다가 각자 한 팔씩 차지하고 잠이 든다. 굿나잇 키스하는 아빠랑 눈빛이 통하면 또 한참은 장난치느라 땀을 쏙 뺀다. 이것 또한 내려놓으니 감사하고 귀한 일상이 된다.

"잘 자. 오늘도 즐거운 하루였어."

"엄마도 안녕히 주무세요. 그런데 엄마 일 하고 잘 꺼야?"

"응. 일해야 해. 그 전에 거실 청소 먼저 할 거야. 너희들 오늘 완전 엉망으로 논 거 알지?"

"히히. 응. 그래서 힘들어? 같이 치우고 잘까?"

"아니. 너무 늦었어. 아빠랑 치울게. 엉망이긴 해도 오늘은 휴대폰 안 보고 신나게 놀아서 예뻐."

"아, 힘들지만 그 기쁨이 힘이 되어서 청소하는 거구나."

그냥 네가 기쁨이고 힘이다. 내일 또 재미있게 놀자.

"어린이집의 좋은 점과 유치원의 좋은 점이 크기가 비슷해서 결정을 못하겠어."

내년이면 일곱 살이 되는 연후. 좋다 하는 유치원이 많은 동네인데 이사를 와서도 다니던 어린이집을 보내고 있다. 매일 차로 등하원시키는 게 힘들어도 이제는 익숙해졌다. 소위 보육과 교육의 차이를 모르는 바 아니지만 아이가 친구들과 정이 듬뿍 들어 계속 보낼 생각이었다. 문제는 초등학교 입학. 동네가 달라 친구들과 같은 학교를 갈 수가 없으니 7세에는 옮겨주는 것이 맞는지 고민이 된다.

"연후는 어떻게 생각해?"

"어린이집의 좋은 점과 유치원의 좋은 점이 크기가 비슷해서 결정을 못하겠어."

"어떤 좋은 점이 있는데?"

"어린이집에 가면 사랑하는 친구들을 매일 만날 수 있잖아. 선생님도. 유치원에서는 새 친구를 사귈 수 있는 거. 그것도 기대돼. 그런데 짓궂은 친구가 있으면 어떡하지? 유치원은 사실 어린이집보다 세 배쯤 좋은 것 같긴 해. 걸어갈 수도 있고. 아참, 매운 반찬도 나온다며 그건 미리 연습을 해야 할까? 아니면 먹어보면서 시작하면 될까? 아, 결정할 수가 없어. 엄마 생각은 어때?"

아이가 입학할 초등학교 병설유치원에 지원했다. 덜컥 입학 가능 통지를 받아두고 아이와 이야기하는 중이다. 어쩌면 아이를 걱정할 일이 아니라 나만 부지런하면 될 일이지 싶다. 등원 시간 지키기와 긴 방학은 이 게으른 엄마에게 몹시 어려운 미션이기에.

남편과도 이 문제로 이야기를 깊게 나누던 날, 어디든지 좋은 선생님을 만나면 좋겠다고 했다. 지금 어린이집 선생님들에게 좋은 영향을 받아 연후가 잘 자랐다고 생각했기 때문이다. 그렇다면 옮기지 않는 것이 나을지도 모르겠다.

웬만하면 내가 말을 끝낼 때까지 들어주는 남편이 생각을 자르고 끼어들었다.

"네가 좋은 엄마인데 무슨 좋은 선생님 타령이야. 연후는 네가 잘 키워서 친구들하고 잘 지내고, 선생님 말씀도 잘 들으니까 예쁨을 받는 거야. 선생님이 좋은 분이라서 예뻐하는 게 아니고. 그러니까 어딜 보내든 문제없어."

퍽이나 답답했던 모양이다. 남편은 말끝에 꾹꾹 힘을 주었다. 좋.은.엄.마. 내 마음에도 꾹꾹 눌러 새기어졌다. 진짜로는 좋은 엄마, 좋은 아내가 아닌 것을 너무나 잘 알지만 남편이 응원해 주면 다 잘 될 것 같다. 정말 아무 문제없을 것 같다. 내 편이어서 고맙고 건강해서 고맙다. 다 고맙다.

"오늘은 아무 일도 없기를 바랐는데."

엄마랑 연후랑 둘이서만 데이트하는 날이다. 어린이 영화표 두 장을 사고, 팝콘은 하나만 사서 나누어 먹었다. 결론은 빤히 예상되었지만 스토리가 흥미진진해서 나도 재미있게 보았다. 엄마와 함께 본 영화 팸플릿을 꼭 챙겨와 두고두고 보는 아이. 얼마나 소중한지 구김이 생겨도 너무 속상해한다.

훈이 이 녀석은 누나가 소중해하는 무엇을 기막히게 알아채고 일부러 뺏고 망가뜨리곤 한다. 오늘의 타깃은 영화 팸플릿. 훈이가 만지지 못하도록 높은 탁자에 올려 두었는데 의자를 끌

고 와 올라서서 팸플릿을 잡아챘다.

"으악! 안 돼. 엄마! 도와줘! 구겨지고 있어! 내놔!!"

"연후야. 네가 소리지르면 훈이 더 망가뜨려. 가만 잠시만 기다려봐. 훈아, 이거 뭐야? 우와, 엄마도 한번 보여줘봐."

훈이가 살짝 긴장이 풀려 팸플릿을 빼 주려는데, 마음이 급한 연후가 달려들어 확 잡는 바람에 팸플릿이 완전히 구겨졌다. 훈이가 끄트머리를 아직도 꽉 쥐고 있어서 모서리가 찢어지게 생겼다.

"야! 엄마….(엉엉)…오늘은 아무 일도 없기를 바랐는데…"

아무 일도 없기를 바랐다는 말이 왜 이리 짠하게 들리는지.

"엄마가 팸플릿 다시 가져다줄게. 걱정 마. 또 있을 거야. 그리고 앞으로는 몇 장 더 챙겨오자. 하나는 지켜두고 나머지는 마음대로 놀자. 훈이도 주고."

"몰라. 다 싫어. 도대체 왜 나는 매일 양보해야 해. 하루, 이틀, 삼틀, 사틀!"

"용기를 내면
걱정했던 일이 해결된다는 걸 깨달았어."

연후는 매주 토요일에 아빠와 함께 수영을 배우러 간다. 지역 스포츠센터에서 저렴하게 운영하는 프로그램이라 인기가 매우 좋다. 한번 수강을 시작하면 빠지는 사람도 거의 없어서 신규 수강자는 새벽 5시부터 줄을 서야 등록이 가능하다. 이 어려운 일을 남편이 해냈다. 남편은 새벽 등록에 성공하고 돌아와 이불 속으로 파고들며 대학에라도 합격한 기분이라고 속삭이더니 금세 꿀잠에 빠졌다.

겁이 많고 감각이 예민한 아이에게 물은 낯설고 친해지기 어려운 것 중에 일번이다. 차갑고, 발이 안 닿아 불안하고, 입과 귀에 물이 들어가는 기분이 불편하고, 눈을 감고 숨을 참아야 하는 것을 가장 싫어한다. 구명조끼를 입히고 튜브에 앉혀도 엄마아빠 손을 꼭 잡고 있어야 그나마 몸을 담그곤 했던 아이다.

여섯 살 여름, 드디어 구명조끼만 입고 혼자 수영을 했던 날, 우리는 물개 박수를 쳤다.

"엄마! 내가 수영을 하고 있어! 보고 있지? 뇌가 이 느낌을 기억하면 좋겠다!"

솔직히 수영은 무슨 수영. 발이 닿지 않는 물 속에서 허우적 자전거를 타면서 아이는 굉장히 뿌듯해했다.

"연후야, 다음 달부터 아빠랑 수영을 배우러 다닐 거야. 연후가 별로 안 좋아하는 거 아는데, 수영은 배우기 싫어도 배워야 하는 거야."

"알았어. 알았다고. 몇 번을 말하는 거야. 아빠는."

새 달이 오고 첫 번째 토요일 11시. 싫은 내색은 해도 준비물을 잘 챙겨 아빠 손을 꼭 잡고 따라가는 아이 모습이 새삼 기특해 보인다. 나는 내년이나 후년부터 시작하면 안 되겠냐고 했었다. 나도 초등학교 2학년 때인가 수영을 배운 것 같은데 연후는 아직 아기인 것 같고 너무 싫어하니까 미뤄주고 싶었다.

"수영은 싫어도 배워야 하는 거야. 빠를수록 좋은 거고. 걱정 말고 연후를 믿어봐."

남편은 아이에게 했던 것과 똑같은 말투로 단호하게 내 걱정을 접어버렸다.

아이가 돌아왔다. 젖은 머리를 찰랑거리며 들어오는 아이를 내가 먼저 가서 맞이했다.

"어서 와. 수영은 어땠어?"

"괜찮았어. 어른들이 자꾸 내 입술 파랗다고 물어보는 것만 빼면 괜찮아. 그런데 엄마랑 같이 가면 안 돼?"

여섯 살부터는 여자아이가 아빠와 같이 탈의실을 들어갈 수가 없어서 연후가 씻지도 못하고 그냥 나왔다고 한다. 생각지 못했던 일이라 당황했을 거라고 남편이 거들었다. 여섯 살이긴 해도 12월생이라 한참 어리다고 사정해볼까 잠시 고민했지만 그만두고 연후에게 락커 번호 찾아 옷 갈아입고 나오는 방법을 잘 일러주었다는 것이다. 아이가 얼마나 곤란했을까 엄마는 궁금한 게 많은데 괜찮았다고 하니 더 묻지 않았다.

수영 수업은 아주 별 것이 없다고 한다. 20분 정도 발차기 조금 하다가 20분은 공놀이를 하고 자유롭게 텀벙거리다 보면 끝이 나는 시간이다. 겁쟁이 연후가 물과 친해지면 지금은 그것으로 충분하다. 무엇보다도 혼자서 락커를 찾아 옷을 갈아입고 수영 후에 씻고 나오는 것이 몹시 긴장되는 일일 것이다. 어쩌면 수영보다도 더 어려운 연습인 셈이다. 그날 밤 이 이야기로 우리 부부는 오징어 한 마리를 다 씹었다.

토요일은 아이의 '손꼽이(손꼽아 기다리는 날을 뜻하는 연후 말)'는 아니다. 아빠에게는 손꼽이라 행여 결혼식이 겹치면 봉투만 보낼 정도. 출장은 빠질 수 없어 수영을 못 가게 되었다는 말을 들은 날 연후가 써 놓은 일기를 훔쳐보았다.

오늘 아침에 아빠와 작별 인사를 했다.

아빠가 출장을 가서 내일 만난다.

그래서 토요일인데 수영을 못간다.

아쉽지만 기쁘다.

'아쉽지만 기쁘다'로 끝나는 아이의 일기. 참 귀엽고 솔직한 마음이다.

여섯 번째 수업을 하고 돌아와서 남편이 가족회의를 제안했다. 안건에 대해서는 미리 문자로 알려주어 돌아오길 기다리던 참이다.

"우리 가족회의 합시다. 여보, 연후 수영 끝나고 아무래도 엄마가 도와주는 것이 좋겠어요. 어떻게 해야 할지 생각을 말해봅시다. 연후가 먼저 이야기해 봐."

"으음. 나는 엄마랑 같이 수영 가고 싶어. 씻을 때도 불편하고. 엄마, 같이 가면 안 돼요?"

"연후가 혼자 씻고 준비하는 게 힘들구나. 엄마가 같이 가면

221

훈이는 어떡하지?"

"아니, 힘든 건 아닌데 잘 못해서. 다른 어른들이 자꾸 걱정해. 걱정시키는 게 불편하고 싫어. 수영은 엄마랑 가고, 아빠가 훈이랑 있으면 되잖아."

"나도. 나도. 풍벙(풍덩). 아빠. 나도."

눈치 빠른 훈이 녀석이 자기도 따라간다고 발언권도 없이 가족회의에 의견을 보탠다. 나는 어떻게든 같이 안 가는 방법을 제안했지만, 남편이 속닥속닥 빠르게 브리핑 하는 걸 들어보니 아무래도 혼자서는 안 되겠다.

"그럼, 연후야 이건 어때? 우리 모두 같이 가는 거야. 수영은 아빠랑 하는 거라서 수영하는 동안 엄마는 훈이랑 밖에서 기다릴게. 연후 씻을 때는 엄마가 들어와서 도와주고, 그땐 아빠가 훈이랑 있을게. 그리고 우리 다 같이 다시 만나고. 어때?"

땅땅땅. 수영 한 시간이 온 식구 행사가 되게 생겼다.

훈이가 먼저 잠들어 팔베개 해주던 왼팔을 빼고 연후 쪽으로 몸을 돌려 누웠다.

"연후야. 수영하러 가서 혼자 준비하는 거 많이 힘들었어?"

"응. 번호도 자꾸 바뀌니까 찾기가 어렵고, 씻는 것도 혼자는 잘 못하고. 길도 잃어버릴까 봐 걱정되고 그랬어. 아, 그런데 어른들이 도와줬었어. 고마운 어른들이 두 명 있었어. 아니다. 셋. 아니 네 명이나 있었어!"

다음부터 엄마도 함께 가기로 해서 아이 마음이 편안해진 것일까. 그동안 말하지 못했던 이야기들이 신이 나서 쏟아진다.

락커 번호가 분명히 맞는데 안 열려서 파란색 옷 입은 아줌마가 아무래도 여기 일을 도와주는 사람인 것 같아 물어보았더니 열어주셨다는 일 번 고마운 어른. 수영 끝나고 샤워실에서 머리를 감겨주었다는 이 번 고마운 어른. 아기띠에 아기를 안고, 훈이랑 똑같이 두 살이더라는 아기를 안은 채로 머리를 말려주었다는 삼 번 고마운 어른. 옷 뒤에 단추를 채워주었다는 사 번 고마운 어른. 한 명 한 명 고마운 사연을 들을 때마다 아이고 정말 고맙구나 했다. 진심이다. 그때마다 멋쩍었을 내 새끼 생각에 볼을 쓰다듬고 꽈악 안았다.

"정말 고마운 어른들이 많았구나. 머리 감겨주실 때는 괜찮았어? 너 아빠가 머리 감겨줘도 무서워하잖아."

"아빠보다 괜찮던데?"

"도와주세요, 말할 때도 엄청 가슴이 콩닥거렸겠네."

"응. 완전 쿵쾅쿵쾅. 그런데 용기를 내면 걱정했던 일이 해결
된다는 걸 깨달았어."

'용기를 내면 걱정했던 일이 해결된다.' 아이에게 이 말을 듣
는데 기특하고 고마운 마음이 든다. 연후는 정말 잘 자라고 있구
나. 엄마의 걱정이 무색하게 바르고 의젓하고도 단단한 마음을
키워가고 있었나 보다. 나는 속으로 짜릿함을 느꼈다.

"멸종되기 전에 와."

"엄마, 간절히 바라면 정말 모든 게 이루어져?"

"응. 엄마는 진심으로 바라고 열심히 노력하면 이루어진다고 믿어."

"다시 태어나는 것도?"

다시 태어나는 것은 노력으로 되는 게 아니고, 부산 할머니가 들으시면 새벽기도 제목이 될지 모르지만 동심은 지켜주고 싶으니까.

"그럴 수도 있겠지. 누구로 다시 태어나고 싶은데?"

"메이져 미첼 코카투."

"메이져 미첼 코카투? 미안. 그게 뭐지?"

"그거 우리 동물원 갔을 때 봤던 새. 멸종위기 동물."

벌써 수개월 전에 실내 동물원에서 특별전시를 보았다. 멸종 위기에 처한 조류를 가까이서 보고 모이를 주는 체험도 할 수 있었다. 챙겨온 팸플릿을 보고 또 보고 훈이가 닿지 못하는 높은 곳에 올려두었다. 생각나면 다시 팸플릿을 꺼내어 펼쳐보던 전시다.

"멸종이 뭐야?"

"이제 몇 마리 남지 않아서, 곧 사라질지도 모르는 거야. 책이나 사진으로 밖에 볼 수 없게 되겠지."

"우리는 살아있는 걸 봤잖아."

"응. 하지만 그 새들이 다 죽으면, 짝짓기할 짝꿍이 없어서 새끼를 못 낳으니 남은 새가 죽으면 지구에서 사라지는 거야. 그걸 멸종이라고 해. 오늘 본 새들은 멸종이 될 것 같아서 우리가 모두 보호하기로 약속한 새들이었어."

"왜 몇 마리 안 남은 건데?"

왜가 시작되었다. 팸플릿을 탐독하고도 없는 왜.

"메이져 미첼 코카투. 그래 맞다. 기억난다. 참 예쁜 새였는데. 그 새로 다시 태어나고 싶구나."

"응. 멸종되지 않으면 좋겠어. 진심이야."

"그래. 정말 멸종되지 않아서 계속 볼 수 있음 좋겠다."

"내가 그래서 다시 태어날게. 멸종되기 전에 날 꼭 보러와. 어 딘지 알지?"

"라욱이는 마시멜로우 같아."

공주에 빠져 공주 동화만 보고 공주 옷을 사달라고 조르던 공주가 친구와 어울려 노는 게 더 재미있는 꼬마 아가씨가 되었다. 아이에게 듣는 친구들 이야기가 매일의 피곤함을 잊게 해준다. 따뜻한 물로 샤워를 하고 제일 좋아하는 잠옷을 입고 누웠다.

"엄마, 라욱이는 마시멜로우 같아."

꼬마 신사라고 들었던 남자친구다. 반듯하고 운동을 잘하는데다 얼굴도 핸섬하여 친구들에게 인기가 많다고 한다. 특히 여자 친구들에게 짓궂은 장난을 하지 않아서 좋다고 연후에게 자주 들었던 친구. 단체 사진 속에서도 저 말고는 라욱이를 제일 먼저 찾아주곤 한다.

"라욱이는 목소리는 귀엽지만 부드럽고 달콤해."

책을 마무리할 즈음 일곱 살 엄마가 되었습니다. 일곱 살 아이의 엄마이기도 하고, 엄마로서 일곱 살이기도 해요. 스스로 할 줄 아는 게 제법 많이 있지만, 또 혼자서는 어려운 것이 너무 많은 일곱 살이에요.

저와 연후는 서로의 일곱 살을 응원하고 있어요.

"엄마 미워."

"미워해도 어쩔 수 없어. 나도 서운해. 네가 아무리 그래봐라 내가 널 미워하나."

서로 눈을 흘기며 속으로 하나, 둘, 셋을 세면 동시에 피식 웃음이 새어나옵니다. 서투른 우리의 일곱 살을 토닥토닥 안아주지요.

　내가 사는 동네엄마들은 아이들의 여덟 살을 준비하느라 마음이 바쁩니다. 한글 읽고 쓰기, 젓가락질, 우유곽 열기, 동네친구 만들어주기, 영어, 수영… 학교 가기 전에 해두어야 할 일이 많네요. 저도 덩달아 불안함이 밀려오지만 막상 엄두가 나지 않아요.

　학교 갈 준비는 아이가 아니라 엄마가 해야 할 것 같습니다. 친구와 노는 것이 더 즐거운 때가 올 테고 돕고 싶은 엄마의 마음은 간섭으로 오해받을 그 때가 멀지 않은 것을 알아요. 하루가 아깝도록 빨리 크는 아이들과 하루하루를 아낌없이 놀 준비가 진짜입니다.

　때가 되면 알아서 잘 하더라며 아이의 힘을 믿겠다는 게으른 생각을 해봅니다. 책에 담긴 고민들이 무색하게 정말 잘 자라준 연후에게 고마워요. 욕심이 불쑥 올라올 때마다 진정시켜주는 남편도 고맙고요.

저보다 연후가 더욱 기다린 책입니다. 새로운 꿈도 생겼어요.
"최고로 책을 잘 쓰고 싶어요."
(오늘은 보석가게 사장님으로 꿈이 바뀌었습니다만)
새벽까지 잠을 안 자고 글을 쓰는 엄마의 뒷모습이 아이의 꿈
이 될 수도 있구나 싶어 순간 무거운 부담이 밀려옵니다. 함께
그린 그림에 엄마는 웃고 있네요. 참 다행이에요.

연후, 려훈 그리고 당신에게 참 고맙습니다. 그리고 사랑해요.
그게 전부입니다.

2018년 여름
연후 하원을 기다리는 시원한 카페에서